绿色低碳视角下的
环保传播研究

徐 艳◎著

LÜSE DITAN SHIJIAOXIA DE
HUANBAO CHUANBO YANJIU

经济日报出版社

北 京

图书在版编目（CIP）数据

绿色低碳视角下的环保传播研究 / 徐艳著. -- 北京：
经济日报出版社，2024. 12. -- ISBN 978-7-5196-1535-2

Ⅰ．X；G206.7

中国国家版本馆 CIP 数据核字第 20245JF461 号

绿色低碳视角下的环保传播研究

LÜSE DITAN SHIJIAOXIA DE HUANBAO CHUANBO YANJIU

徐 艳 著

出版发行：经济日报出版社

地　　址：北京市西城区白纸坊东街 2 号院 6 号楼
邮　　编：100054
经　　销：全国各地新华书店
印　　刷：北京文昌阁彩色印刷有限责任公司
开　　本：710mm×1000mm　1/16
印　　张：11. 75
字　　数：183 千字
版　　次：2024 年 12 月第 1 版
印　　次：2024 年 12 月第 1 次印刷
定　　价：58. 00 元

前　言

我国提出"绿色低碳发展"的概念后，政府强调将大力推进绿色低碳经济，致力于建设资源节约型、环境友好型社会。此后，绿色低碳发展逐渐成为我国的重要发展目标，并在各项政策和规划中得到落实和推广。环保传播在推动绿色低碳发展中扮演着至关重要的角色，通过多种传播渠道和策略，环保传播能够提升公众的环保意识，推动绿色低碳行为的养成，并促进社会向可持续发展的方向前进。

本书把环保传播置于绿色低碳的视角下进行分析，探讨绿色低碳视角下环保传播的发展历程和相关研究，并对环保传播的发展战略和策略建议进行分析。

为了更好地理解环保传播，本书首先在环保传播概述中对其定义、意义和理论框架进行了系统阐述。在环保传播的历史演变历程中，本书首次梳理了我国环保传播从 20 世纪初至今的 120 多年发展历史，将环保传播发展分为三个阶段：萌芽期、发展期和成熟期。在环保传播发展的不同时期内，本书着力研究各个发展时期环保传播的传播主体、传播内容，并由此归纳整理出该时期内环保传播的传播模式，探讨各时期环保传播如何有效地促进绿色低碳目标的实现，并提出了一系列的发展战略和策略建议，包括加强政府政策引导、发挥新媒体的作用、提升公众参与意识等方面，为推动中国环保传播事业的发展，提供了有益的启示。

综上所述，本书认为环保传播是推动绿色低碳目标实现的关键。它通过广泛传播环保理念和科技成果，提高公众对环境问题的认识，促使个人和组织采取环保行动。环保传播还推动政府出台环保政策，激励企业采用更环保的生产方式。此外，它还推动环保技术的研发和应用，为绿色低碳目标的实现提供了必要支持和动力。

由于作者水平有限，且撰写时间仓促，书中难免存在不足之处，恳请读者批评指正，以期不断完善与提升。

徐 艳

2024 年 9 月

目　录

第一章　绪论

第一节　研究背景与意义

一、全球环境问题的严峻形势

（一）全球气候变化的现状与影响

全球气候变化是当今世界面临的最严峻的环境问题之一。自工业革命以来，人类活动尤其是化石燃料的燃烧、大规模的工业生产和森林砍伐，显著增加了大气中的温室气体浓度。这一升温趋势不仅在科学数据中清晰可见，而且在全球各地的极端天气事件和自然灾害中也显而易见。

冰川融化是气候变化的一个直观表现。格陵兰岛和南极洲的冰盖正在以惊人的速度融化，导致海平面上升。此外，高山冰川，如喜马拉雅山脉的冰川，也在快速退缩。这些冰川的消失不仅影响到全球海平面的变化，还对依赖这些冰川融水的生态系统和人类社会产生重大影响。

极端天气事件的频发和强度增加也是气候变化的直观呈现。近年来，全球各地频繁发生极端高温、暴雨、飓风和干旱等天气事件。例如，当地时间2021年6月29日，热浪席卷加拿大西部。当地时间2021年6月29日，热浪持续给当地带来高温，利顿连续三天打破加拿大高温纪录，达到了49.5℃。[①]同样，澳大利亚在2019年森林火灾季节中遭遇了毁灭性的火灾，烧毁了数百

[①]　https：//baike.baidu.com/item/2021%E5%B9%B4%E5%8A%A0%E6%8B%BF%E5%A4%A7%E9%AB%98%E6%B8%A9%E7%81%BE%E5%AE%B3/57726408？fr＝ge_ala.

1

万公顷的森林，造成了巨大的经济损失和生态破坏。这些极端天气不仅带来了直接的经济损失，还对人类健康、基础设施和自然环境造成长期的负面影响。

全球气候变化的影响是广泛且深远的，涵盖了生态系统和生物多样性、人类健康、经济和社会稳定等多个方面。

1. 生态系统和生物多样性

气候变化对全球生态系统和生物多样性构成了严重威胁。许多动植物因气候变化而面临生存压力，甚至濒临灭绝。例如，北极熊因海冰融化而失去了重要的栖息地，导致其数量急剧减少。珊瑚礁生态系统也因海洋酸化和温度上升而受到严重破坏，影响了依赖这些生态系统的海洋生物。此外，气候变化导致生态系统中的物种分布和生态过程发生改变，破坏了生态系统的平衡。例如，气候变化导致了一些害虫和疾病传播媒介的扩散，威胁到农业生产。

2. 人类健康

气候变化对人类健康的影响是多方面的。极端高温事件的增加导致中暑和热相关疾病的风险上升，特别是对老年人、儿童和慢性病患者等脆弱人群。此外，气候变化加剧了空气污染问题，增加了呼吸道疾病和心血管疾病的发病率。洪水和暴雨等极端天气事件不仅造成直接的伤亡和财产损失，还会导致饮用水污染和传染病的传播。例如，洪水过后常常暴发的水传播疾病，对灾区居民的健康构成重大威胁。

3. 经济

气候变化对全球经济的影响是深远的。农业、渔业和林业等依赖自然环境的产业首当其冲。气候变化导致的极端天气和季节变化使农作物的产量和质量受到影响，增加粮食安全的风险。例如，干旱和洪水使农田减产，粮食价格波动加剧，影响到全球特别是发展中国家的粮食供应。渔业也因海洋温度上升和酸化而面临挑战，鱼类资源的减少影响到渔民的生计和海洋生态系统的稳定。

4. 社会稳定

气候变化引发的自然灾害和资源短缺可能导致人口流动和冲突加剧。例如，海平面上升迫使沿海居民迁移，造成"气候难民"的问题。此外，气候变化加剧了贫困和不平等，使弱势群体更易受到影响。例如，发展中国家相对缺乏应对气候变化的资源和能力，导致这些国家的居民更易受到气候变化带来的负面影响。

5. 全球治理和合作

应对全球气候变化需要国际社会的共同努力。气候变化是跨国界的问题，需要全球合作来制定和实施有效的应对策略。国际社会通过《联合国气候变化框架公约》和《巴黎协定》等机制，致力于全球减排和适应行动。然而，各国在应对气候变化方面的责任和能力差异显著，需要在全球治理中考虑公平性和可持续发展目标。

总之，全球气候变化的现状和影响是复杂而严峻的。面对这一全球性挑战，各国政府、企业、非政府组织和个人都需要采取积极行动，通过减缓和适应策略，共同努力实现绿色低碳发展目标，保护地球的生态系统并促进人类社会的可持续发展。

（二）环境污染与资源枯竭的挑战

环境污染与资源枯竭是当今世界面临的重大挑战之一。自工业革命以来，人类的生产和生活方式对地球的自然资源和生态环境造成了深远的影响。随着人口的不断增长和经济的迅速发展，环境污染问题日益严重，资源消耗速度远超自然的恢复能力，给全球生态系统和人类社会带来了巨大压力。

环境污染主要包括大气污染、水污染、土壤污染和固体废物污染等多个方面。大气污染是最为广泛和明显的污染形式之一，主要来源于工业排放、交通运输和能源生产等活动。大气中的污染物如二氧化硫、氮氧化物和颗粒物等，不仅危害人类健康，还对气候变化产生显著影响。近年来，全球范围内的雾霾天气频发，严重影响了人们的生活质量和健康水平。

水污染也是一个严峻的问题。工业废水、农业径流和生活污水等污染源使许多水体受到严重污染。重金属、化学药品和病原微生物等污染物不仅破坏了水体生态系统，还威胁到人类的饮用水安全。特别是在一些发展中国家，水污染问题尤为严重，许多居民无法获得清洁的饮用水，导致水传播疾病的流行。

土壤污染主要来源于农业生产中的农药、化肥，以及工业废弃物的不当处理。土壤中的污染物不仅影响农作物的生长和质量，还通过食物链进入人体，危害人类健康。土壤污染的修复成本高、周期长，给农业生产和生态环境带来长期的负面影响。

固体废物污染是现代社会的另一个主要问题。随着城市化进程的加快和消费水平的提高，固体废物的产生量不断增加。垃圾填埋和焚烧不仅占用了大量土地，还产生了有害气体和渗滤液，对大气、水体和土壤造成污染。塑料废物尤为突出，由于其难以降解，还对海洋生态系统造成了严重威胁。

应对环境污染和资源枯竭的挑战，需要各方共同努力。政府应制定和实施严格的环境保护政策和法规，加强环境监管和执法力度。企业应承担环境责任，采用清洁生产技术，减少污染排放。公众应提高环境意识，践行绿色生活方式，减少资源浪费和环境污染。国际社会也应加强合作，共同应对全球环境问题，推动可持续发展目标的实现。

二、绿色低碳理念及内涵

（一）绿色低碳的理念

绿色低碳发展是一种在经济增长过程中最大限度地减少资源消耗和环境污染、实现可持续发展的模式。该理念结合了"绿色发展"和"低碳发展"两个核心概念，前者侧重于生态环境的保护与修复，后者则强调减少温室气体排放，特别是二氧化碳（CO_2）的减排。绿色低碳发展作为一种新的发展范式，旨在解决经济发展与环境保护之间的矛盾，促进经济、社会和生态的全面协调可持续发展。

（二）绿色发展的内涵

绿色发展是指通过绿色技术、绿色产业、绿色消费等途径，减少资源消耗和环境污染，实现经济社会可持续发展的过程。其内涵主要体现在以下几个方面：

1. 资源高效利用

绿色发展强调资源的高效利用，通过技术创新和管理优化，提高资源的利用效率，减少资源浪费。这不仅包括能源资源，还涵盖了水资源、土地资源和生物资源等。例如，在水资源管理方面，通过先进的灌溉技术和节水设备，可以提高农业用水效率，减少水资源浪费。此外，循环经济模式的推广，通过资源回收和再利用，实现闭环管理，进一步提高资源利用效率。

2. 环境保护和污染控制

绿色发展注重环境保护，采取积极措施控制和减少污染物排放。严格实施环境法规和标准，加强环境监管和执法力度，推动污染治理技术和环保产业的发展。例如，在工业领域，通过采用清洁生产技术和污染防治设施，可以有效减少废气、废水和固体废物的排放。在城市建设中，通过实施绿色建筑标准和生态城市规划，可以降低建筑能耗和环境负荷。此外，通过开展生态修复工程，恢复被破坏的生态系统，提高生态环境质量。

3. 生态文明建设

绿色发展倡导生态文明建设，强调人与自然的和谐共生。生态文明是人类文明发展的新阶段，是基于对自然规律的尊重和对生态系统保护的理念所构建的社会形态。在生态文明建设中，通过保护自然生态系统，恢复生态功能，维护生物多样性，实现生态环境的良性循环和可持续利用。例如，通过设立自然保护区和生态功能区，保护珍稀动植物及其栖息地；通过退耕还林、退牧还草等生态工程，恢复受损的生态系统；通过推广生态农业和生态旅游，促进经济与生态的协调发展。

4. 绿色产业和绿色经济

绿色发展推动绿色产业和绿色经济的建设，支持低碳、环保、循环等新兴产业的发展，促进传统产业的绿色转型升级。绿色产业包括可再生能源、新能源汽车、环保设备、节能产品和生态农业等，这些产业不仅具有较高的经济效益，还能减少资源消耗和环境污染。例如，可再生能源产业的发展，通过风能、太阳能、生物质能等替代化石能源，减少温室气体排放和大气污染；新能源汽车产业的发展，通过推广电动汽车和氢燃料汽车，减少交通领域的碳排放；环保产业的发展，通过提供污染治理和环境修复技术和服务，提高环境质量。此外，绿色金融的支持，通过绿色信贷、绿色债券和绿色基金等金融工具，引导资金流向绿色产业，促进绿色经济的发展。

（三）低碳发展的内涵

低碳发展是指通过减少温室气体排放，特别是二氧化碳的排放，减缓气候变化，实现经济社会可持续发展的过程。其内涵主要体现在以下几个方面：

1. 减少温室气体排放

低碳发展强调减少温室气体排放，通过能源结构调整、能源效率提高和清洁能源利用等途径，减少二氧化碳和其他温室气体的排放。例如，通过制定和实施碳排放标准和碳交易机制，鼓励企业减少碳排放；通过发展可再生能源，如风能、太阳能和生物质能，减少对化石燃料的依赖；通过推广低碳技术和节能产品，提高能源利用效率，减少单位产值的碳排放。

2. 能源结构优化

低碳发展推动能源结构的优化，增加清洁能源和可再生能源的比例，减少煤炭、石油等高碳能源的使用。通过发展核能、水电、风电和太阳能等清洁能源，逐步实现能源的低碳化和多元化。例如，在电力领域，通过建设大型风电和光伏发电项目，增加可再生能源发电的比例；在交通领域，通过推广电动汽车和氢燃料汽车，减少石油消耗和碳排放；在建筑领域，通过推广绿色建筑和节能技术，减少建筑能耗和碳排放。

3. 提高能源利用效率

低碳发展注重提高能源利用效率，通过技术进步和管理优化，减少能源浪费和损失。例如，通过推广高效节能设备和工艺，如高效电机、节能灯具和能源管理系统，提高能源转换效率，减少能源消耗和排放；通过实施能源审计和能源管理体系，优化能源使用和管理，减少能源浪费和损失；通过开展节能改造和技术升级，降低设备能耗和碳排放。

4. 推进低碳技术和产业

低碳发展支持低碳技术和低碳产业的发展，推动低碳技术的研发和应用，加快低碳产业的成长和壮大。例如，通过支持新能源汽车、绿色建筑、低碳制造等低碳产业的发展，促进经济的低碳转型；通过建立低碳技术和产业的标准和认证体系，推动低碳技术和产品的推广应用。

（四）绿色低碳发展的融合与实践

绿色低碳发展将绿色发展和低碳发展的理念有机结合，形成一种综合性的可持续发展模式。其内涵不仅包括资源的高效利用和环境的保护，还强调减少温室气体排放和应对气候变化。绿色低碳发展的实践需要在以下几个方面进行综合推进：

1. 制定政策和法规

政府应制定和实施促进绿色低碳发展的政策和法规，明确发展目标和措施，推动社会各界参与和支持。例如，通过制定碳排放标准、能源效率标准和环保法规，推动绿色低碳技术和产业的发展；通过设立绿色低碳发展基金，支持绿色低碳项目与技术的研发和推广；通过建立碳交易市场和碳税制度，鼓励企业减少碳排放；通过实施绿色采购和绿色税收政策，推动绿色低碳产品的生产和消费。

2. 推进技术创新

技术创新是实现绿色低碳发展的关键。应加大对绿色低碳技术的研发投入，支持科技创新和成果转化。通过推广先进的绿色低碳技术，提高资源利用效率和环境保护水平，减少温室气体排放。例如，通过发展智能电网和储能技术，提高可再生能源的利用效率；通过推广电动汽车和氢燃料汽车，减少交通领域的碳排放；通过研发和推广节能建筑和绿色建材，降低建筑能耗和碳排放。

3. 优化经济结构

绿色低碳发展需要优化经济结构，支持绿色产业和低碳产业的发展，推动传统产业的绿色转型升级。通过发展绿色经济，形成以绿色产业为主导的经济结构，实现经济增长与环境保护的双赢。例如，通过支持可再生能源、新能源汽车、环保设备、节能产品和生态农业等绿色产业的发展，促进经济的绿色转型；通过推动传统产业的绿色升级和低碳改造，提高资源利用效率和环境保护水平；通过发展绿色金融，支持绿色低碳项目与技术的融资和投资。

4. 提高公众意识

公众的参与和支持是实现绿色低碳发展的重要保障。应加强环境教育和宣传，提高公众的环保意识和低碳生活意识，倡导绿色消费和低碳生活方式，推动全社会共同践行绿色低碳发展理念。例如，通过开展环保宣传和教育活动，提高公众的环保意识和低碳生活意识；通过推广绿色消费和低碳生活方式，引导公众选择环保产品和服务，减少资源消耗和环境污染；通过鼓励公众参与环保和低碳行动，推动全社会共同践行绿色低碳发展理念。

5. 国际合作与交流

绿色低碳发展是全球共同面对的挑战，需要国际社会的合作与交流。各国应加强在绿色低碳技术、政策和经验等方面的合作，共同应对气候变化和环境问题，推动全球绿色低碳发展的实现。例如，通过参加国际环境协议和合作机制，共同应对全球气候变化和环境问题；通过加强绿色低碳技术和经验的交流与合作，推动全球绿色低碳技术的发展和应用；通过支持发展中国家的绿色低碳发展，推动全球可持续发展目标的实现。

三、我国的环境问题与绿色低碳发展需求

我国经济的快速发展，工业化、城市化进程加速，带来了经济繁荣和社会进步，但也引发了一些环境问题。环境污染和生态破坏成为制约可持续发展的主要障碍之一。我国面临的环境问题多种多样，既有大气污染、水污染、土壤污染等传统环境问题，也有生态破坏和资源枯竭等新兴环境问题。这些问题不仅影响了环境质量和生态安全，还对经济发展和居民健康构成了威胁。要解决这些环境问题，需要政府、企业和公众的共同努力，通过制定和实施严格的环境政策，推动技术创新和产业转型，加强环境教育和宣传，提高全社会的环保意识，推动绿色低碳发展，实现经济、社会和环境的可持续发展。只有这样，才能保护好我们赖以生存的地球环境，创造更加美好的未来。

第二节 研究目的与问题

一、研究目的

（一）探讨绿色低碳视角下的环保传播机制

在应对气候变化和推动可持续发展的背景下，绿色低碳发展已成为全球共识。环保传播作为提升公众环保意识和行为的重要手段，在绿色低碳视角下的传播机制尤为关键。本书将从多层面探讨绿色低碳视角下的环保传播机制，包括传播内容、传播渠道、传播策略以及政策支持等。

1. 传播内容

绿色低碳视角下的环保传播内容应聚焦于碳减排、节能环保和可持续发展等核心议题。具体而言，传播内容应包括以下几个方面：

（1）气候变化科学知识：普及气候变化的基本科学知识，使公众了解温室气体排放的来源、气候变化的影响以及应对气候变化的紧迫性和必要性。

（2）绿色技术和创新：介绍各种绿色技术和创新成果，如可再生能源、节能技术、碳捕集与封存技术等，展示其在减缓气候变化和实现低碳发展的应用前景和实际效果。

（3）低碳生活方式：倡导低碳生活方式，推广节能减排、绿色消费、垃圾分类、低碳出行等具体行为，帮助公众在日常生活中践行绿色低碳理念。

（4）政策法规与国际合作：解读国家和国际层面的环保政策和法规，介绍各国在应对气候变化和推动绿色低碳发展方面的成功经验与合作案例，增强公众对政策措施的理解和支持。

2. 传播渠道

在绿色低碳视角下，环保传播需要通过多元化的渠道进行，以最大程度地覆盖不同受众群体，提高传播效果。主要传播渠道包括：

（1）传统媒体：通过电视、广播、报纸和杂志等传统媒体，发布环保信息和科普知识，对专题节目进行深度报道，引起公众的广泛关注和讨论。

（2）新媒体：利用社交媒体平台、网络新闻、博客和视频分享网站等新媒体渠道，进行互动性强、传播速度快的环保传播。通过新媒体，环保信息可以迅速传递给广泛的受众，并激发公众的参与和讨论。

（3）教育机构：在各级学校中开展环保教育，将绿色低碳理念融入课程设置，通过课堂教学、校园活动和实践项目等方式，培养学生的环保意识和行动力。

（4）社区与公众活动：通过社区活动、环保志愿服务、公众讲座和环保展览等形式，在社区层面传播环保知识，倡导绿色低碳生活方式，促进公众参与环保实践。

3. 传播策略

绿色低碳视角下的环保传播需要制定科学有效的传播策略，以确保传播内容的准确性、传播方式的多样性和传播效果的持久性。具体策略包括：

（1）精准传播：根据不同受众群体的特点和需求，制订有针对性的传播方案。对不同年龄、职业、文化背景的群体，采用不同的传播内容和形式，以提高传播的针对性和时效性。

（2）情感共鸣：通过讲述真实的环保故事和案例，引发公众的情感共鸣，增强环保传播的感染力和说服力。例如，通过记录环保先锋人物的事迹、展示环保项目的实际成效等，激励公众参与环保活动。

（3）互动参与：鼓励公众通过多种形式参与环保传播，如参与环保话题讨论、分享环保心得、参加环保志愿活动等。通过互动参与，增强公众对环保议题的关注度和行动力。

（4）持续传播：环保传播需要长期坚持和不断更新，通过持续的宣传和教育，使绿色低碳理念深入人心，形成公众的长期环保意识和行为习惯。

4. 政策支持

政府在绿色低碳视角下的环保传播中起着重要的推动和保障作用。具体政策支持措施包括：

（1）政策法规：制定和完善有关绿色低碳发展的政策法规，为环保传播提供法律依据和政策指导。如推行碳排放交易制度、实施节能减排奖励机制等，激励公众和企业积极参与低碳行动。

（2）资金支持：加大对环保传播项目的资金投入，支持环保组织、媒体和教育机构开展环保传播活动。通过提供财政支持，确保环保传播活动的顺利开展和持续进行。

（3）公共宣传：政府应通过官方渠道和公共资源，开展大规模的环保宣传活动，提升环保传播的覆盖面和影响力。例如，通过公益广告、宣传片和大型公益活动等形式，向全社会传递绿色低碳理念。

（4）国际合作：加强与国际环保组织和其他国家的合作，学习和借鉴国际先进的环保传播经验和做法，共同推动全球范围内的绿色低碳发展。

（二）分析我国环保传播的现状与挑战

我国环保传播近年来取得了显著进展，但依然面临诸多挑战。当前，我国环保传播主要通过传统媒体、新媒体、教育机构以及社区活动等多渠道进行，内容涵盖环境知识普及、政策法规解读、绿色生活方式倡导等多个方面。然而，尽管环保传播在提升公众环保意识和行为方面发挥了积极作用，但仍存在传播内容不够深入、覆盖面有限、公众参与度不足等问题。此外，环保传播在传递科学信息与应对公众误解之间的平衡以及在引导社会舆论和推动政策落实方面也面临挑战。

本书将具体分析我国环保传播发展的历史，从历史中总结环保传播的规律，并且对目前环保传播的现状进行分析，研究如何应对挑战，促进环保传播的有效发展。

（三）提出提升环保传播效果的策略与建议

本书将在研究环保传播历史发展及现状分析的基础上，找到如何提升环保传播效果的方法，对提升环保传播效果提出策略与建议，以实现环境保护与社会可持续发展的双赢目标。

提升环保传播效果的策略与建议主要包括以下几个方面：首先，应优化传播内容，确保信息的科学性和准确性，深入普及环境知识，解读政策法规，并倡导绿色生活方式。其次，需要多渠道并举，充分利用传统媒体、新媒体、教育机构和社区活动等，扩大传播覆盖面和影响力。再次，应增强公众参与和互动，通过社交媒体、环保志愿活动等形式，激发公众的环保热情和行动力。政策支持也至关重要，通过完善环保法规、提供资金支持和公共宣传，推动环保传播的系统化和常态化。最后，建议整合多方资源，加强政府、企业、媒体和公众的协同合作，创新传播方式和手段，以实现环保传播的长期有效和社会共识的形成。

二、研究问题

本书的研究问题拆分如下：

第一，绿色低碳视角下环保传播的发展历史如何？各个历史阶段的特点如何？

第二，我国绿色低碳视角下环保传播的主要媒介形态是什么？

第三，我国环保传播的主要组织和机构有哪些？

第四，环保传播在实现绿色低碳目标中的作用如何？

第五，环保传播在实现绿色低碳目标中面临的挑战及应对策略是什么？

第三节　研究方法与框架

一、研究方法

（一）文献研究法：系统梳理相关研究文献

本书对我国环保传播相关历史文献进行梳理，利用文献研究环保传播从20世纪初至今的120多年的发展历史，将绿色传播发展分为三个阶段：萌芽期、发展期和成熟期。在各个发展时期内，运用文献分析法总结各个发展时期的特点。

（二）调查研究法：访谈研究

为了深入理解各利益相关者对环保传播的看法、经验和观点，探索其在推动环保活动和政策落实中的作用，本书将对环保领域的专家、从业者、政策制定者、媒体人士和公众代表等进行访谈，全面了解各阶层人士对于我国目前环保传播在促进绿色低碳目标的实现过程中起到的作用、存在的问题以及未来发展的走向，从而寻求有效提升环保传播效果的方法。

（三）案例分析法：典型案例的深入分析

本书将选取在环保传播领域有显著影响力或典型性的案例，例如"地球一小时"活动、北京市空气污染治理、杭州市垃圾分类推广等，通过这些经典案例的分析，找出环保传播的关键影响因素和作用机制，从而揭示其在环保传播中的作用路径。

二、研究框架

本书总体框架共分六部分，具体内容如下：

第一，绪论；

第二，环保传播的历史演变历程；

第三，环保传播的媒介形态；

第四，环保传播的机构与组织；

第五，环保传播对实现绿色低碳目标的作用；

第六，环保传播在实现绿色低碳目标中面临的挑战及应对策略。

第四节 文献综述

一、环保传播研究的现状

当我们梳理"环保传播"这一概念时，发现其明确定义在早期文献中极为稀少。事实上，早期文献中并未使用"环保传播"这一术语，而是以"环境新闻"代之。实际上，"环保传播"源自于环境新闻的基本概念。因此，要理解"环保传播"的含义，首先需要了解"环境新闻"这一术语的概念。环境新闻起源于19世纪末期美国的自然资源保护行动，到20世纪60年代逐渐成熟。在随后的50年中，环境新闻学迅速发展，成为全球关注的重要课题，随着环境问题的日益严重，环境新闻逐渐成为显学。

西方的定义中对于"环保传播"各有不同说法（环境新闻、环境传播、环境报道等），学界和业界有明显的差异。"环境新闻"的定义，是美国学者首先提出的。张威的《环境新闻学的发展及其概念初探》描述了美国的环境新闻定义："美国犹他州立大学教授麦可·佛罗梅（Michael Frome）提出它是一种有目的、为公众而写的、以严谨准确的数据为基础的反映环境问题的新闻；它要求记者理解传播的目的和性质，具有研究能力和简洁的语言；它不仅回答何人、何事、何时、何地、为何，还要有一种广阔和综合的眼光纵览全局。"①

这一定义针对新闻记者如何判定什么样的事实属于环境新闻、怎样采写等问题而作出了回答。美国崇尚实用主义，学者在对待环境新闻时也是如此，因此将环境新闻作为一类更有实用价值的课程开设，培养环境新闻记者，关注其中的信息内涵。②

相对而言，中国媒体从业者的定义偏重动态的报道，如许正隆认为环境新闻"是用新闻手段传播人们关心的种种环境信息，是变动着的环境事实与新闻的表达或传播方式的完美结合"。③ 其他如陆红坚、庸海江、颜莹、程少华等人都是从报道什么、如何报道、报道范围等方面加以界定的。

除了业务视角的定义之外，还有对"环境传播"学理的界定。德国社会学家尼可拉斯·卢曼（LuhMann）将环境传播视为"旨在改变社会传播结构与话语系统的任何一种有关环境议题表达的传播实践与方式"。④ 社会风险的突出，使得从环境信息的传播方式出发界定环境传播，由此嵌入传播系统中成为可能。与广阔的社会生活相联系，学者罗伯特·考克斯打破了将环境传播界定为环境议题的建构问题，开始探讨其背后的政治、经济、文化命题，在其最新著作《环境传播与公共领域》一书中将其界定为："环境传播是一套构建公众对环境信息的接受与认知，以及揭示人与自然之间内在关系的实用主义驱动模式和建构主义驱动模式。"⑤ 环境问题是什么样的，如何通过媒介建构，受众如何接受等都是需要理论探讨的问题。

① 张威.环境新闻学的发展及其概念初探［J］.新闻记者，2004（9）.

② 贾广惠.中国环境保护传播研究［M］.上海：上海大学出版社，2015：4.

③ 许正隆.追寻时代把握特色——谈谈环境新闻的采写［J］.新闻战线，1999（5）.

④ LuhMann，N. Ecological Communication［M］.Chicago：University of Chicago Press，1989：28.

⑤ 王战，李海亮.西方气候变化传播研究综述［J］.东南传播.2011（3）.

再看中西方定义的区别。中国更多使用"环保传播"的概念，与西方常用的"环境传播"有所区分。西方使用"环境传播"指代宽泛，运用传播的方法、原则、策略进行环境管理和保护。西方更多地在社会学领域表现，与社会系统发生密切的联系，而中国学者使用"环保传播"主要反映媒体传播行为，也容易被等同于大众传媒的环境新闻报道。前者将"环境"一词推广使用，有拓宽研究对象的意图。也就是说，环境不仅仅是环境，还有背后的其他影响因素；而中国多使用"环保"，既是中国语言的多义性和丰富性的影响，也是更加明确具体对象和具有倾向性。与传媒频繁使用的"环保"词语相一致。针对传媒环境报道的研究使用"环保传播"顺理成章。王莉丽总结了环保传播概念，在介绍了美国学者的环境新闻、环境传播和国内许正隆、陆红坚、张威的定义之后，她认为这些研究都还没有明确提出环保传播的概念及其就环保传播理念进行系统的分析，大多是对环保新闻的阐述，进而她认为运用"环境新闻"这个概念来研究环保信息的传播，其涵盖面太窄。环保传播比环境新闻有着更为广阔的外延和内涵。[①] 她的定义是："环保传播就是关于环境保护问题的信息传播。广义上的环保传播指的是通过人际、群体、组织、大众传媒等各种媒体和渠道进行的传播活动。狭义的环保传播是指通过大众传媒，对环境状况、环保危机、环保事件、环境文化、环境意识、环保决策、环保产业、公众参与等与环保相关的问题进行的信息传播。"[②]

这个概念涉及了传播的内容、传播的目的和手段，简洁明了、概括性强，但问题在于缺少对传播主体的界定。从一般意义上看，凡参与环保活动的组织或个人通过各种手段进行信息的传播都是信源。如果是针对中国环境问题的报道也称之为"环境传播"，就不再是西方意义中的概念，反映中国本土问题的"环保传播"，也要比大众传媒的环境新闻报道外延大得多。[③]

基于上述学者的定义，本书可以总结出环保传播在笔者所做研究中的定义：环保传播是一门跨学科的研究领域，通过各种传播媒介和策略，传递环境信息、管理环境风险、提高公众环境认知、促进公众参与和政策影响，以

---

① 贾广惠. 中国环境保护传播研究［M］.上海：上海大学出版社，2015：5.
② 王莉丽. 绿媒体——中国环保传播研究［M］.北京：清华大学出版社，2005：52.
③ 贾广惠. 中国环境保护传播研究［M］.上海：上海大学出版社，2015：6.

推动全面的环境保护和治理。

本定义的创新点：综合定义吸收了不同学者的观点，强调了环保传播的科学性、系统性和跨学科性，特别关注环境风险管理、公众参与和政策影响，形成具有中国特色的环保传播理论框架。

我国学者在环保传播研究中的贡献丰富了这一领域的理论和实践。通过对不同学者定义的梳理，我们可以看到中国环保传播研究从媒介传播到社会动员，再到科学系统传播的演变过程，为全球环保传播研究提供了新的视角和经验。

二、国内外环保传播研究的主要成果

（一）环保传播研究的历史溯源和现实驱动

早在古希腊时期，柏拉图就已对乱砍滥伐导致的水土流失表示忧虑。公元 1 世纪，罗马的科拉米勒（Columella）和普利尼（Pliny）意识到盲目开垦荒地可能会引发环境问题。① 我国在北宋时期，苏颂就在《本草图经》中探讨了丹砂对水环境的污染问题。随着人类进入工业社会，粗放的经济增长方式引发了诸多环境问题，人类逐渐意识到保护环境的重要性，于是随之而来的环境保护行动开始登上历史舞台，同时为大规模环保传播的开展提供可能。②

在我国，虽然早有文献典籍阐述了环境保护的重要性，并在相当程度上起到了环保传播的作用，但环保传播作为一种特定的实践任务，还是 20 世纪 70 年代的事。1972 年，周恩来总理派代表团参加了联合国召开的人类环境会议。第二年，以《环境保护》的创刊为标志，我国的环保传播开始萌芽。③

20 世纪 80 年代，《动物世界》节目的开播以及《中国环境报》的创刊，标志着我国环保传播进入了快速发展的轨道。1992 年，中国参加了联合国环境与发展大会，这一事件成为我国环保传播蓬勃发展的重要起点。

---

① 叶平. 环境的哲学与伦理 [M].北京：中国社会科学出版社，2006：229-231.

② 张丙霞. 我国大众传媒在环保传播中的角色研究 [D].重庆：西南政法大学，2009：6-9.

③ 刘涛. 环境传播的九大研究领域（1938—2007）：话语、权力与政治的解读视角 [J].新闻大学，2009（4）：97-104，82.

1993 年，"中华环保世纪行"宣传活动在全国范围内大规模开展，各大媒体纷纷报道，使我国的环保传播实践进入了一个新阶段。2018 年 3 月，十三届全国人大一次会议通过宪法修正案，将生态文明写入宪法。宪法的有关规定是构建整个生态环境保护法律体系的宪法依据，是推进生态文明体制改革的宪法遵循，构成了推动生态环境保护实践、保障人民群众环境权益的宪法基础。①

党中央和国务院关于生态文明建设的重视，使环保传播逐渐成为我国新闻媒体的重要舆论工作内容。

可以说，随着我国环保工作的持续推进，环保传播的价值不断被挖掘，环保传播不仅成为新闻媒体的重要内容之一，也成为学术界关注和研究的重点话题。

（二）近 40 年来我国环保传播的研究谱系及其评判

我国早期的环保传播文献以通知、会议记录、科普类型为主，重在对环保工作经验的总结，呈现多进行自我反思的倾向。直至 1988 年《加强环境新闻的战斗性》一文中提出"环境新闻"一词，我国才正式走向环保传播的学术研究之路。

综观当前的环保传播研究，学界在关注领域、现实困境、环保传播教育、话语实践、历史演进、过程结构等方面均取得了一定成绩，详见表 1-1。

1. 对环保传播关注领域的研究

各学者对环保传播的关注领域和分析视角相近。刘涛从话语、权力与政治视角解读了西方环境传播研究，认为可以划分为环境传播的话语与权力、环境传播的修辞与叙述、媒介与环境新闻等九大领域。②

---

① 张天培. 我国生态文明制度体系不断完善［EB/OL］.（2023-08-17）. http：//politics. peo-ple. com. cn/n1/2023/0817/c1001-40058076. html.

② 刘涛. 环境传播的九大研究领域（1938—2007）：话语、权力与政治的解读视角［J］. 新闻大学，2009（4）：97-104，82.

表1-1 我国环保传播研究主题及研究路径①

研究主题	研究路径							
	研究对象	研究目标	研究动因	代表人物	理论依据	研究方法	研究特点	主要局限
关注领域	环保传播、环境传播学术研究	分析相关著述，揭示主要研究方向	反思研究领域中存在的问题	郭小平、刘涛	关键词理论	文献计量、内容分析	研究领域分类呈现相似或包含关系	研究方法和分析视角较单一
现实困境	环保传播事业	揭示当下环保传播中的问题和解决策略	反思环保传播总体现状	王莉丽、王积龙	swot理论、媒体责任理论	内容分析、案例分析	折射环保行业的实情	部分研究成果重叠
环保传播教育	环保传播教育	揭示国内外环保环境的现状，提出建设性意见	反思我国环保传播教育的不足，环境新闻人才的缺失	王积龙	无	比较分析、案例分析、内容分析	研究国内外环保传播教育，以期对国内教育产生影响	此领域尚未受到足够重视
话语实践	环保传播相关内容形态	揭示环境传播相关主体对环境话题的解读和表达	反思相关主体对的环保传播的影响	刘涛、易前良	议程设置、框架理论、场域理论	内容分析、文本分析、个案分析、定量分析	以案例研究居多，案例中又以具体媒体的研究为主	对于不同类型的环境话语研究较缺乏
历史演进	环保传播事业	揭示环境保护事业的发展历程、现状特点和局限性	反思对环境话题的认识，如何发挥环保传播作用	贾广惠、陆红坚	无	历史分析、文献综述	我国环保传播发展时间较晚，但崛起速度快	发展阶段的划分依据不统一
过程结构	环保传播整体过程	揭示环保传播的内在机理和效果意义	反思环保传播的绩效情况	王建明、贾广惠	议程设置、新社会运动理论、大众传播的社会功能	文本分析、案例分析、定量分析	环保传播与公民社会构建成为研究热点	缺少对环保传播过程模式的探讨

① 吴静怡. 近40年来我国环保传播的研究谱系与学术展望 [J]. 南京林业大学学报（人文社会科学版），2019（5）：13.

李文竹、曹素贞则从媒介、公众、危机、政治四个角度对环境传播研究进行梳理，划分出环境新闻与媒介、科学传播与风险传播、环境修辞话语与报道框架共三个重点版块，与刘涛的部分研究领域划分相似。①

此外，郭小平认为，我国的环境传播研究包含"传播与可持续发展"逻辑框架下的媒介及其报道研究、"发展与风险"框架下的环境新闻学研究、生态美学视角下的影视研究、环境风险传播研究、媒介绿色修辞的话语批判、公民社会视角下的环境传播研究六大方面，但在生态话语的生成、过程、意义方面仍有理论发展的空间。②

此外，随着环境新闻事业的发展壮大和从业者的增多，对这个群体的研究也应纳入关注的范围。

2. 对环保传播教育的研究

环保意识的觉醒、环保传播的客观现实呼唤环保传播教育的开展。1977年，政府间环境教育大会的召开被认为是世界范围内环境教育的开端。③ 目前全美38所大学均设有环境新闻学相关教学或研究机构，④ 整体呈现多元化、重实用主义的特点。⑤ 而我国的环境传播教育师资力量薄弱，也尚未形成系统的学科体系，⑥ 为此不少学者就当前的教育现状提出了建设性意见，认为高校应与新闻媒体保持互动，建设有丰富实践和教学经验的师资队伍，并结合本土化环境特征进行教学；还可以建立跨学科的双学位培养机制，从而有针对性地向业界输送人才。⑦

---

① 李文竹，曹素贞．国际环境传播研究的特征与范式——基于 EBSCO 数据库的相关内容分析 [J]．河北经贸大学学报（综合版），2017，17（2）：20-25.

② 郭小平．环境传播：话语变迁、风险议题建构与路径选择 [M]．武汉：华中科技大学出版社，2013：39-50.

③ 毛丽棋．从可持续发展战略看高校设立环境新闻学的必要性 [J]．环境，2006（S2）：197-198.

④ 杨斌成．广西北部湾经济区环境新闻报道人才培养分析 [J]．钦州学院学报，2011，26（4）：5-8.

⑤ 王积龙．美国环境新闻教育的构建模式分析 [J]．西南民族大学学报（人文社科版），2008（1）：219-223.

⑥ 杨伟．通过中西比较看中国环境新闻教育的缺失 [J]．新闻传播，2014（2）：242.

⑦ 邓天白．培养中国环境传播人才的模式借鉴与探索——以美国哥伦比亚大学新闻学院为例 [J]．环境教育，2018（5）：50-53.

3. 对环保传播现实困境的研究

目前环保传播仍然面临诸多困境。

从媒体角度看，传媒对农村环境问题重视程度不够，未充分反映其环境污染、生态失衡情况。① 同时，一些媒介从业人员环保意识不强，传播的内容和方式难以提升公众的环保水平。② 从公众角度看，公众在生态建设中存在着利己主义、功利主义的环保诉求，缺乏参与和责任意识。③

针对这些问题，首先，政府应加大对环保宣传教育的投入，加强行政监管，完善相关法律法规，倾听民意并将民意导入决策。④ 其次，媒体应聚合多种媒介形态，提升传播效果。⑤ 再次，环保从业人员可以通过参加研讨会、业内培训或专业教育的方式提高知识储备和能力水平。⑥ 最后，面对环保传播中的困难，政府、媒体、公众等都应加强联系，形成可持续发展的社会共识。⑦

4. 对环保传播话语实践的研究

环保传播的话语实践包括媒介对环境议题的建构以及环境叙事的具体内容、精神理念、表现方式等方面。⑧

从环境议题的建构上来说，易前良、蒋永峰分别对《南方周末》和《人民日报》中的环境报道进行分析，认为我国的环境报道往往是通过对某一现象或问题的原因进行分析，揭示问题的普遍性和严重性，继而依照具体情况提出对策。⑨

① 贾广惠. 媒介环保传播中预警功能的缺失 [J]. 新闻爱好者, 2007 (11): 13-14.

② 陈沭岸. 论我国生态文明传播的问题及对策 [C] //中国地理学会. 山地环境与生态文明建设——中国地理学会 2013 年学术年会·西南片区会议论文集. 中国地理学会, 2013: 7.

③ 陈相丽, 陈曦, 张沁沁. 公地悲剧与基层治理进路——基于农村生活垃圾污染治理的个案研究 [J]. 阅江学刊, 2017, 9 (2): 73-81, 147.

④ 王莉丽. 环保传播的新挑战、新路径 [J]. 中国记者, 2012 (1): 80-81.

⑤ 赵文艳. 浅谈环境报道的新路径 [J]. 新闻传播, 2011 (8): 45, 47.

⑥ 金石. 论环境报道与生态文明建设 [J]. 新闻知识, 2014 (12): 107-109.

⑦ 史立英, 马晶, 曹洁, 等. 提升环保传播能力, 促进低碳经济建设 [J]. 新闻爱好者, 2010 (16): 42-43.

⑧ 吴静怡. 近 40 年来我国环保传播的研究谱系与学术展望 [J]. 南京林业大学学报 (人文社会科学版), 2019 (5): 15.

⑨ 易前良. 转型时期的大众媒体与环保传播: 以《南方周末》为例 [C] //复旦大学信息与传播研究中心, 复旦大学新闻学院 "·传播与中国·复旦论坛" (2010) ——信息全球化时代的新闻报道: 中国媒体的理念、制度与技术论文集. 复旦大学信息与传播研究中心, 复旦大学新闻学院, 2010: 13.

在微观层面，环境叙事的过程可以体现出一定的精神理念。在环境报道中从人性化视角出发能够体现人文关怀，[①]用科学发展观判断环境问题也是在将"以人为本"融入环境报道。[②]环境叙事的表现方式多样，包括生态摄影、生态纪录片、环保电影等。周晓旸认为环保传播主要展现真实、直观的画面，方便受众感同身受，从而调动公众的积极性以支持环保活动。[③]环保电影作为环保传播的重要表现形式之一，在我国虽然有了较大的发展，但在生命平等这类意蕴表达上仍有所欠缺。[④]

5. 对环保传播历史演进的研究

当前对环保传播历史演进的研究范围较广，在地理跨度上包括从对某个局部地区的环境新闻报道研究到对全球的环保传播研究，从时间看，主要涵盖了自19世纪资源保护活动起至今的百余年。在揭示环保传播的发展历程时，学者所秉持的划分依据不尽相同：曹雪真依据环境新闻报道的内容、手段、数量，将我国环境报道划分为浅绿（1973—1991年）、中绿（1992—2002年）、深绿（2003年至今）三个时间段;[⑤]张威认为环境新闻经历了呐喊（1980—1990年）、理性主义（1990—2000年）、进入全球化（2000年至今）三个阶段;[⑥]贾广惠分析了张威的划分方法，认为不应仅以年代整数为依据，而应基于经济态势、环境形势来划分，掌握社会发展中环境新闻传播的变化，具体阶段应包括启蒙呐喊时期（1984—1991年）、群体曝光期（1992—2003年）、环境议题多样化和事故化（2004年至今）。[⑦]

6. 对环保传播过程结构的研究

当前针对环保传播过程结构的研究主要集中在运作机制、影响因素和产生的意义三个方面。

就环保传播运作机制而言，王建明认为首先应明确有效的传播沟通步骤，

---

① 陈亮. 环境报道的人性化视角 [J]. 中国记者，2004（12）：51-52.

② 梁雅丽，邓苏勇. 环境报道中的可持续发展视角 [J]. 中国记者，2006（4）：72-73.

③ 周晓旸. 我国西部环保 NGO 及其传播现状分析 [D]. 兰州：兰州大学，2011：3-4，41-49.

④ 漆亚林，谯金苗. 环保电影的生态意象研究 [J]. 中国青年社会科学，2017，36（3）：128-134.

⑤ 曹雪真. 论绿色理念在我国环境报道中的纵深发展 [J]. 今传媒，2014，22（8）：54-55.

⑥ 张威. 绿色新闻与中国环境记者群之崛起 [J]. 新闻记者，2007（5）：13-17.

⑦ 贾广惠. 中国环境新闻传播 30 年：回顾与展望 [J]. 中州学刊，2014（6）：168-172.

其次确定传播的次序阶段，即认知扩散、信念形成、行为塑造和价值观变革。李玉文等认为环保传播是一种涉及传播因素、传播过程、实际效果因素的动态循环过程，其提出的实际效果因素与王建明提出的环保传播次序阶段相对应。① 杨志开认为微博环保传播是由意见领袖推动、网民互动参与的，其演变过程可以概括为"微博话题、传媒议题、政策议题"，也与李玉文等提出的环保传播过程相吻合。②

　　环保传播的影响因素包括各个相关主体：其一，从受众角度看，李玉文等认为可以将环保传播的实际效果因素一分为二形成觉察、记忆、态度等八个因子进行绩效评估；③ 其二，从媒介角度看，媒介可以通过信息提供、风险预警、教育引导、引导监督社会舆论来守护自然环境，推动环保政策、法规的制定，塑造环保文化价值；④ 其三，从组织角度看，环保NGO（Non-Government Organization）等环保公益组织是环境保护的主要执行者，对环保事业的发展有重要的推动作用。⑤ 另外，不少学者从社会学视角出发，探讨了环保传播对公民社会建设的意义。公民社会作为一种充满变化的、处于动态发展过程的社会存在，包含新社会运动、私人领域、公共领域、志愿性社团4种结构性要素。⑥

二、现有研究的不足与空白

　　虽然我国的环保传播研究日渐丰富，其中也不乏精品力作，但自2001年学者陆红坚首次提出"环保传播"一词以来，我国环保传播研究历史并不长，尚存一些不足之处。⑦

---

　　① 李玉文，徐萌，王建明. 中国环保传播的内在机理及绩效评估体系研究［J］. 生态经济，2011（8）：176-180.

　　② 杨志开. 中国水污染背景下的微博环保传播研究［J］. 情报杂志，2015，34（3）：144-149.

　　③ 李玉文，徐萌，王建明. 中国环保传播的内在机理及绩效评估体系研究［J］. 生态经济，2011（8）：176-180.

　　④ 李洁. 大众传媒在环境保护中的角色分析［J］. 新闻知识，2012（10）：54-55.

　　⑤ 陈远书. 环保NGO在我国的环保传播行为及效果研究［D］. 北京：北京林业大学，2010：7-9.

　　⑥ 连水兴. 作为"新社会行动"的环保传播及其意义——一种公民社会的理论视角［J］. 中国地质大学学报（社会科学版），2011，11（1）：82-87.

　　⑦ 陆红坚. 环保传播的发展与展望［J］. 中国广播电视学刊，2001（10）：4-6.

其一，从研究视角和方法看，当前学者多基于权力、政治角度对环保传播研究领域进行梳理，同时由于分析视角相近，在现实困境的研究中也有部分重叠的研究成果。就其研究方法而言，现有研究多通过内容分析、案例分析得出结论，而更为严谨的定量研究却相对缺乏。环保传播作为新闻传播学、社会学、修辞学等多学科交叉的研究领域，研究的视角和方法理应更加多元。

其二，从研究内容看，目前研究以环境新闻报道的分析为主，在具备实用性的同时，缺少了对环保传播的学理探讨。具体来说，研究中环境新闻学、环保传播、环境传播等概念容易混淆，但却少有学者对其进行辨析。

三、新时代背景下环保传播研究的发展方向

2005 年 8 月 15 日，时任浙江省委书记的习近平在浙江安吉县余村调研时，首次提出"绿水青山就是金山银山"的重要理念。一周后，习近平在浙江日报《之江新语》发表评论指出，"生态环境优势转化为生态农业、生态工业、生态旅游等生态经济的优势，那么绿水青山也就变成了金山银山。"① 习近平总书记在党的二十大报告中指出，"我们坚持绿水青山就是金山银山的理念，坚持山水林田湖草沙一体化保护和系统治理，全方位、全地域、全过程加强生态环境保护，生态文明制度体系更加健全，污染防治攻坚向纵深推进，绿色、循环、低碳发展迈出坚实步伐，生态环境保护发生历史性、转折性、全局性变化，我们的祖国天更蓝、山更绿、水更清。"②

结合新时代背景对环保传播研究进行展望，有助于探索研究的新路径。

（一）环保传播与中国话语关系问题的研究

为深入贯彻习近平新时代中国特色社会主义思想，教育部与中共中央宣传部发布了《关于提高高校新闻传播人才培养能力实施卓越新闻传播人才教育培养计划 2.0 的意见》，提出了"加快构建中国特色、中国风格、中国气派

---

① 绿水青山就是金山银山 ［EB/OL］. http：//www.xinhuanet.com/politics/szzsyzt/lsqs2017/index. htm.

② 新华社．习近平：高举中国特色社会主义伟大旗帜 为全面建设社会主义现代化国家而团结奋斗——在中国共产党第二十次全国代表大会上的报告 ［EB/OL］.（2022 - 10 - 25）. https：//www.gov.cn/xinwen/2022-10/25/content_ 5721685.htm.

的新闻传播学理论体系和学术话语体系"的要求。环保传播以新闻传播学为主要依托，在研究和实践层面应加强中国话语建设：一方面，环保传播研究理论体系应具备本土化特色。目前，我国学者在对环保传播现象、过程的讨论中多以西方新闻传播学理论为依据，在对环保传播过程模式的探讨中也缺少对本国国情、地方情况的分析。另一方面，在环保传播的话语实践研究中也可以注重对中国传统文化、哲学思想等具有中国特色的具体传播内容的分析。当下，思考如何在环保传播中运用中国话语，对于规范不良环境行为、提升外媒环保传播中的中国形象都有着重要意义。①

（二）环保传播与新媒体关系问题的研究

新时代背景下，随着新媒体技术的发展和自媒体的兴起，人们逐渐改变了信息的接受和传播途径，甚至开始放弃传统媒体的新闻传播方式，对新闻信息也有着更高的要求。② 而现有文献中对纸媒、电视台等传统媒体的环保传播研究居多，与当下的社会环境形势贴合度不高。因此，未来研究可以聚焦在新的新闻传播环境下传播方式的改变，③ 如广电事业在新体制条件下的环保传播，可将环保游戏、环保直播、环保众筹等与大众流行文化相关的、与新媒体联系紧密的环保主题相结合。此外，对这些环保新形态中不同类型的人群参与也可以进行数据调查分析，从而更好地构建环保传播生态。④

（三）环保传播与舆论引导问题的研究

当信息的传播转向自媒体平台，舆论环境更趋复杂多样。环境作为与人类日常生活休戚相关的议题，自然也会受到影响，特别是在环境危机事件的传播中，舆论容易情绪化、极端化。这些问题作为环保传播研究的突出要点，在新时代背景下也许有新的解决思路。

程曼丽结合新时代背景和《习近平新闻舆论思想要论》一书，认为中国

---

① 吴静怡. 近 40 年来我国环保传播的研究谱系与学术展望 [J].南京林业大学学报（人文社会科学版），2019（5）：17.

② 陈相雨，丁柏铨. 自媒体时代网民诉求方式新变化研究 [J].传媒观察，2018（9）：5-12，2.

③ 陈相雨. 新时代我国广电体制变革的现实动因和框架要求 [J].今传媒，2018，26（3）：12-14.

④ 吴静怡. 近 40 年来我国环保传播的研究谱系与学术展望 [J].南京林业大学学报（人文社会科学版），2019（5）：17.

新闻舆论工作者应树立自信、引领舆论，深入了解、传播、践行中国特色社会主义本质特征，承担总结、提炼、传播中国特色社会主义道路发展经验的责任。① 这一论述为环保从业人员的工作提供了新思路。陈相雨等也指出，随着新时代社会的急剧变迁、社会问题和矛盾的不断凸显，新的共同意义和价值体系尚未建立，正向情感类型的培育非常必要，对环保传播中抗争性网络集群行为的负向情感也起到了限制作用。②

综上所述，当下的研究文献为我们对环保传播的认识提供了许多有益的启示，对我国环保事业的发展也具有一定的现实指导意义，但研究仍须深化，使其更全面、更具系统性。

第五节　研究创新点与研究意义

一、研究创新点

（一）研究视角的创新

本书创新点在于将绿色低碳目标与环保传播研究相结合，从绿色低碳发展的视角研究环保传播的内容和方法。

传统的环保传播研究通常集中于环境保护的总体目标、政策解读以及公众参与等方面，而本书将绿色低碳作为核心议题，探索如何通过环保传播促进绿色低碳目标的实现。具体来说，本书将从以下几个方面展开：

1. 绿色低碳目标的内涵解析

本书将深入分析绿色低碳发展的内涵，明确绿色低碳目标对经济社会发展的重要意义。通过对相关政策文件、国际协议和科学研究的梳理，系统性地阐述绿色低碳发展的理论基础和实践要求。

---

① 程曼丽. "新时代"下中国新闻舆论工作者的新任务——读《习近平新闻舆论思想要论》有感 [J]. 中国记者, 2018 (2): 43-44.
② 陈相雨, 丁柏铨. 抗争性网络集群行为的情感逻辑及其治理 [J]. 中州学刊, 2018 (2):166-172.

2. 环保传播内容绿色低碳化的呈现

本书将探讨环保传播内容如何更好地体现绿色低碳目标。研究如何在新闻报道、公共宣传、教育推广等不同传播内容中融入绿色低碳理念，增强公众对绿色低碳的理解和认同。例如，分析绿色低碳政策的解读方式，案例报道中的绿色低碳实践及其对公众行为的引导作用。

3. 环保传播方法的创新与实践

本书将探讨在绿色低碳视角下，环保传播方法的创新与应用。研究如何利用新媒体技术、大数据分析等现代传播手段，提高环保传播的效果和影响力。例如，通过社交媒体平台推广绿色低碳知识，利用数据可视化技术呈现碳排放数据，增强传播的直观性和互动性。

4. 绿色低碳传播案例的分析

本书将选取我国绿色低碳传播的典型案例进行深入分析，总结成功经验和存在的问题。通过对这些案例的剖析，揭示绿色低碳传播在不同社会背景和文化环境下的特点和效果，为未来的传播实践提供参考。

5. 环保传播对绿色低碳目标促进作用的探讨

本书将系统评估环保传播在实现绿色低碳目标中的作用，探讨环保传播如何影响政策制定、公众行为和企业实践。通过实证研究，揭示环保传播在推动绿色低碳发展方面的实际效果，为政策制定者和传播实践者提供科学依据。

通过上述创新点，本书旨在为绿色低碳发展的理论研究和实践提供新的视角和方法，推动环保传播研究的进一步深入，为实现绿色低碳目标贡献智慧和力量。

（二）研究时间跨度的创新

本书首次系统梳理了我国环保传播从 20 世纪初至今 120 多年的发展历史，将这一演变历程划分为三个阶段：萌芽期、发展期和成熟期。这一创新点不仅在于对环保传播历史的全面回顾和梳理，更在于对各阶段特征的深入分析和总结。

1. 萌芽期：意识觉醒与早期倡导（20 世纪初—20 世纪 70 年代）

在萌芽期，随着工业化进程的加快，人们逐渐意识到环境问题的严重性。

这个阶段的环保传播主要以环保意识的初步觉醒为特征。环保人士通过书籍、讲座和报刊等形式传播环保理念。这一时期虽然传播手段和覆盖面有限，但为后续的发展期奠定了重要基础。

2. 发展期：媒体参与与政策推动（20世纪80年代—20世纪90年代）

在发展期，媒体的参与和公众的关注显著增加。随着环境问题的日益突出，媒体开始报道环境污染事件，引发公众对环保问题的广泛关注。同时，政府也逐步开始出台一系列环保政策，促进环保传播的发展。例如，1979年9月，我国第一部环保法律《中华人民共和国环境保护法（试行）》颁布，标志着我国环境保护开始步入依法管理的轨道。① 这个阶段的环保传播逐渐从自发性走向系统性，媒体报道和政策宣传成为主要传播手段。

3. 成熟期：政策完善与新媒体兴起（21世纪初至今）

进入21世纪，环保传播进入成熟期。我国推出了一系列重要的环保政策。政府环保政策的不断完善和新媒体技术的快速发展，使得环保传播得以进一步拓展和深化。与此同时，互联网和社交媒体的兴起为环保传播提供了更加广阔的平台和渠道。各种新媒体平台，如微博、微信、短视频平台等，为公众参与和信息传播提供了前所未有的便利，使环保传播的影响力大大增强。

综上，本研究创新在于首次将我国环保传播的发展历程延展至120余年，系统地梳理和分析了各个阶段的特征和演变过程。这一历史维度的扩展不仅填补了环保传播研究的空白，也为理解当前环保传播的现状和未来发展趋势提供了重要参考。通过对萌芽期、发展期和成熟期的划分，能够更加清晰地展示环保传播在不同历史背景下的演变轨迹，揭示其内在规律和驱动因素。此外，这一研究还强调了政策和技术在环保传播中的关键作用，尤其是在新媒体时代，如何利用新技术手段提升环保传播的效果，为未来的环保传播研究和实践提供了新的视角和方法。

---

① 双鸭山中院．"八五"普法·全国生态日《中华人民共和国环境保护法》［EB/OL］．（2023-08-15）．https：//m. thepaper. cn/baijiahao_ 24240593.

二、研究意义

(一) 理论意义：对环保传播理论的补充与拓展

1. 绿色低碳与环保传播的结合

本研究首次将绿色低碳目标与环保传播研究相结合，从绿色低碳的视角研究环保传播的内容和方法，丰富了环保传播的理论基础。这一创新拓展了环保传播研究的视野，使学术界能够更全面地理解环保传播在实现绿色低碳目标中的重要作用，为绿色低碳理论和环保传播理论的交叉研究提供了新路径。

2. 环保传播历史的系统梳理

本研究首次系统梳理了我国环保传播从 20 世纪初至今 120 多年的发展历史，将其划分为萌芽期、发展期和成熟期三个阶段。这一历史维度的扩展为环保传播研究提供了一个完整的时间框架，使学术界能够更好地理解环保传播的演变过程和内在规律，为环保传播的历史研究提供了丰富的理论资源。

3. 环保传播阶段性特征分析

通过对各阶段的特征及其影响因素的深入分析，本研究揭示了环保传播在不同历史背景下的演变轨迹和发展逻辑。这一阶段性特征分析，有助于学术界更好地理解环保传播在政策推动和技术进步中的角色和作用，提供了新的理论视角和分析框架。

4. 政策和技术的关键作用

本研究强调了政策和技术在环保传播中的关键作用，揭示了政策推动和技术创新在环保传播中的驱动效应。这一发现为理解环保传播的动力机制提供了新的理论依据，有助于进一步探讨政策和技术如何在未来继续发挥作用，推动环保传播的发展。

(二) 实践意义：对环保传播实践的指导与借鉴

1. 促进绿色低碳目标的实现

通过结合绿色低碳目标和环保传播研究，本研究为如何通过有效的传播手段促进绿色低碳目标的实现提供了实证和理论支持。这将有助于政策制定者和传播实践者制定更有效的传播策略，推动绿色低碳理念的普及和落实，促进社会的可持续发展。

2. 提高环保传播的时效性

本研究通过分析不同阶段的环保传播特点，总结成功经验和存在的问题，为当前和未来的环保传播实践提供了重要参考。特别是在新媒体时代，研究提出了利用新媒体技术提升环保传播效果的具体方法和策略，为环保传播实践提供了新的工具和平台。

3. 加强公众环保意识

通过系统梳理和阶段性分析，本研究揭示了环保传播在提高公众环保意识中的重要作用。这一发现为环保教育和宣传工作提供了科学依据，有助于设计更加有效的公众参与和教育活动，增强公众的环保意识和行动力。

4. 支持政策制定和评估

本研究的阶段性特征分析和政策影响研究为政府制定和评估环保政策提供了重要参考。通过揭示不同历史阶段环保传播与政策互动的规律，本研究为未来政策的制定和实施提供了科学指导，帮助政府更好地推动绿色低碳和环保目标的实现。

综上所述，本研究不仅在理论上丰富了环保传播和绿色低碳研究的知识体系，还在实践上为实现绿色低碳目标、提高环保传播效果、加强公众环保意识和支持政策制定提供了重要指导和支持。

第二章　环保传播的历史演变历程

从历史的角度来探析我国环保传播的发展历程，基本可以分为三个阶段。20 世纪初至 20 世纪 70 年代：环保意识的萌发与初步探索；20 世纪 80 年代至 90 年代：媒体报道与公众参与；21 世纪初至今：政策引导与新媒体时代。

本章将详细分析环保传播的每个发展阶段，梳理我国环保发展的基本脉络。

第一节　20 世纪初至 20 世纪 70 年代：环保意识萌芽与初步探索

一、工业化进程与环境问题的出现

20 世纪初，我国面临着工业化的挑战和机遇。工业化进程推动经济迅速增长，但同时也带来了严重的环境问题。在这个时期，我国的工业化道路起步艰难，环境问题初现，对人们的生活和自然生态系统造成了巨大影响。

（一）工业化进程的开端

我国的工业化进程始于 20 世纪初期。在此之前，我国是一个以农业为主导的国家，工业生产规模较小。随着近代工业技术的引入和西方列强的侵略，我国逐渐意识到工业化的重要性，并开始尝试发展自己的工业经济。这一时期，我国的工业化主要集中在煤炭、钢铁、纺织等传统产业领域。例如，张之洞等晚清改革家推动了自强运动，建立了汉阳铁厂、开平煤矿等早期工业企业，试图通过工业化提升国家的经济和军事力量。

（二）环境问题的出现

工业化进程的推进导致一系列环境问题的出现。首先是煤炭的大规模开采和使用。煤炭是 20 世纪初期我国主要的能源来源，然而，煤炭的开采和燃烧释放出大量的污染物，导致空气污染严重，给人们的健康造成了威胁。在一些工业重镇，如天津、上海等地，空气质量显著下降，煤烟弥漫，居民呼吸道疾病多发。

其次是工业废水和废气的排放。随着工业生产规模的扩大，大量的废水和废气排放到江河和大气中，严重破坏了水体和空气的生态平衡。黄河、长江等重要河流的水质受到工业废水的严重污染，影响了周边地区的生态环境和人民的生活。工厂周边的土地也因废气和固体废物的排放而遭到污染和破坏。

最后是土地资源的过度开发和污染也引起了人们的关注。工业化过程中，大量的土地被用于工厂建设、矿产开采和城市扩展，导致农田减少、土壤退化和生态环境破坏。例如，森林砍伐和采矿活动，不仅破坏了原有的自然生态系统，还引发了土壤侵蚀和沙尘暴等问题。

（三）环保意识的萌发

在这一时期，尽管政府和社会对环境问题的认识还比较模糊，但一些环保意识的萌发已经开始。一些知识分子和社会活动家开始关注环境问题，并提出了一些环保理念和倡导活动。他们通过书籍、报纸和讲座等方式，向公众传播环保知识，呼吁人们保护环境，关注生态平衡。例如，梁启超、章太炎等学者在他们的文章和演讲中，呼吁社会重视环境保护和自然资源的可持续利用。

（四）政府与社会的反应

虽然当时社会对环境保护的关注程度较低，但一些地方政府和企业在面对严重的环境问题时，开始采取初步的治理措施。例如，在京津地区，为了应对煤烟污染问题，政府开始推广燃气和电力等清洁能源的使用，并出台了一些环保法规。然而，由于缺乏系统的环保政策和有效的执行机制，这些措施的效果十分有限。

（五）环保会议的召开

到了 20 世纪 70 年代，随着环境问题的进一步加剧，政府和社会对环境保护的认识逐渐深入。1972 年 6 月 5 日，在斯德哥尔摩召开的人类环境会议作为中华人民共和国重返联合国后参与的首次联合国大会，是新中国开始审视全球环境问题的起点。① 1973 年 8 月 5—20 日，第一次全国环境保护会议在北京召开，揭开了我国环境保护事业的序幕。第一次全国环境保护会议确定了环境保护的 32 字工作方针，即"全面规划，合理布局，综合利用，化害为利，依靠群众，大家动手，保护环境，造福人民"。会议讨论通过了《关于保护和改善环境的若干规定（试行草案）》；制定了《关于加强全国环境监测工作意见》和《自然保护区暂行条例》。这次会议的重要意义有 4 个方面：第一，在这次会议上，首次承认我国也存在着比较严重的环境问题，需要认真治理。第二，这次会议是我国开创环境保护事业的第一个里程碑，标志着环境保护在我国开始列入各级政府的职能范围。第三，会议期间制定的环境保护方针、政策和措施，为开创我国的环境保护事业指明了方向，抓住了重点，确定了目标和任务。第四，会议之后，从中央到地方及其有关部门都相继建立了环境保护机构，并着手对一些污染严重的工业企业、城市和江河进行初步治理，我国的环境保护工作开始起步。②

二、生态文明观念的萌发

随着 20 世纪初期的工业化进程加速推进，我国面临着前所未有的环境挑战。这一时期，虽然生态文明观念还未形成，但人们开始意识到工业化进程对环境的影响，这标志着生态文明观念的初步萌发与探索。

（一）环保意识的初步萌发

20 世纪初期，工业化带来的大规模污染、资源过度开采以及生态系统破

---

① 澎湃新闻. 1972：回溯新中国环境保护旅程的起点［EB/OL］.（2021-09-24）. https：//www. thepaper. cn/newsDetail_forward_14625595.

② 中华人民共和国生态环境部. 第一次全国环境保护会议［EB/OL］.（2018-07-13）. ht-tps：//www. mee. gov. cn/zjhb/lsj/lsj_zyhy/201807/t20180713_446637. shtml.

坏，引起了一些人的关注和担忧。这些问题的出现，促使人们开始思考如何平衡经济发展和环境保护之间的关系，这也是生态文明观念逐渐萌发的开始。在这一时期，一些学者、作家和环保倡导者开始呼吁保护环境和自然资源。例如，鲁迅在其作品中多次表达对自然环境的关注和保护，呼吁人们不要过度破坏环境。他在文章中揭示了环境破坏对社会和人类的危害，引起了广泛的社会反响。

（二）社会团体和志愿者的环保活动

不仅仅是个别知识分子，一些社会团体和志愿者组织也开始积极参与环保活动，推动环境保护意识的普及和落实。例如，北京、上海等大城市的一些民间组织和学生团体开始倡导城市绿化、清洁河流和保护野生动物等活动。这些组织通过举办环保讲座、发放宣传资料和组织实际活动，努力提升公众的环保意识。

（三）环保政策的不足与经济发展的矛盾

然而，20 世纪初到 70 年代，我国面临的主要挑战仍是经济发展和社会稳定。因此，环保意识的萌发虽然存在，但并未得到充分的重视和支持。由于环保政策相对薄弱，很多环境问题没有得到及时有效的解决。工厂排放标准不严格，环境监管力度不足，导致环境污染问题日益严重。这种情况对人民的生活质量和健康状况造成了负面影响，特别是在工业密集的地区，居民的呼吸道疾病和其他健康问题显著增加。

（四）对后世的影响与生态文明的基础

这一时期的环境问题和初步的环保意识为后来的生态文明建设奠定了重要的基础。20 世纪 70 年代末，随着改革开放的推进，我国开始逐渐重视环境保护。1972 年，我国派代表团参加了联合国人类环境会议，[①] 标志着我国在国际环境事务中的参与和重视。同年，政府成立了环境保护领导小组，开始系统性地研究和制定环境保护政策。

---

① 生态环境部 . 我国环境保护的发展历程与成效 ［EB/OL］. （2013－07－11）. https：//www. mee. gov. cn/gkml/sthjbgw/qt/201310/t20131009_ 261311. htm.

三、早期环保组织与个人倡导者

20 世纪初到 20 世纪 70 年代是环保活动的萌芽期，这一时期涌现出了一批早期环保组织和个人倡导者，他们在社会各个领域积极倡导环保理念，为环境保护事业的发展奠定了基础。

（一）工业化进程与环境挑战

在这段时期，由于工业化进程的加速推进，我国面临着严重的环境污染和资源枯竭等问题。大量的煤炭开采、工业废水排放、森林砍伐和土地资源过度开发，使空气污染、水污染和生态破坏问题日益严重。这些问题的出现引起了一些人的关注和担忧，他们开始意识到环境保护的重要性，并积极投身于环保事业。

（二）早期环保组织和个人倡导者

1. 上海植物园

上海植物园位于上海市中心城区南部地区，占地面积 81.86 公顷，1974 年起筹建，1978 年正式对外开放，是一个以植物引种驯化、植物学研究、科学传播、园艺展示为主的综合性城市植物园。园区现建有植物进化区、环保植物区和绿化示范区，其中植物进化区包括松柏园、蕨类园、木兰园、牡丹园、杜鹃园、蔷薇园、槭树园、桂花园、竹园、盆景园、草药园、展览温室和兰室等 15 个专类园区。主要以收集引种长江中下游野生植物为主，并为城市绿化收集和筛选大量的园艺品种，目前共收集植物 6000 多个品种。在植物引种驯化、植物学研究、科学传播、园艺展示与推广等方面都做了卓有成效的工作，取得了丰硕成果。① 上海植物园成立于 1978 年，是早期的环保组织之一。该植物园致力于植物资源的保护、研究和教育，通过举办展览、讲座等活动，向公众普及环保知识，提高环保意识。上海植物园在植物多样性保护和生态教育方面发挥了重要作用。它不仅保存了大量珍稀植物资源，还为研究人员提供了重要的科研平台，为植物保护事业作出了巨大贡献。

---

① https：//www.shbg.org/.

2. 李四光

李四光是早期环保活动的重要代表之一。他是著名的地质学家和环境科学家，在 20 世纪初期就开始研究生态环境问题。他呼吁保护环境和生态平衡，通过自己的科学研究和教育活动，推动了早期环境保护理念的形成和传播。他的工作不仅在学术界产生了深远的影响，也唤起了社会各界对环境保护的重视。

3. 鲁迅

鲁迅是著名作家和思想家，在其文学作品中多次表达了对环境问题的关注和担忧。他通过小说、杂文等文学形式，揭示了工业化进程对自然环境的破坏，并呼吁人们珍惜环境、保护自然资源。例如，在他的作品《药》中，他不仅揭示了社会问题，还通过描述环境的恶化，呼吁社会关注环境保护。鲁迅的环保思想不仅体现在他的作品中，还通过他的影响力传播到更广泛的社会层面。

（三）环保意识的普及与传播

这些早期环保组织和个人倡导者在我国环保事业的发展中起到了积极的推动作用。他们通过科学研究、教育宣传等方式，提高了公众对环保问题的认识，促进了环保理念的传播和普及。尽管在当时的社会背景下，环保事业的发展受到一定的限制，但这些早期组织和个人的努力为后来我国环保活动的发展打下了坚实的基础。

（四）政府与社会的环保实践

虽然 20 世纪初到 70 年代，政府对环境保护的重视程度有限，但一些地方政府和企业在面临严重环境问题时，开始采取初步的治理措施。例如，北京、天津等地推广清洁能源的使用，限制煤炭燃烧，以减轻空气污染。同时，一些地方开始推行植树造林、河道整治等环境保护项目，这些实践为后来的环境治理积累了宝贵经验。

总体来说，20 世纪初到 70 年代是我国环保活动的萌芽期。这一时期，虽然生态文明观念尚未成熟，但一些先驱者和组织已经开始关注并推动环保事业的发展。他们通过研究、教育、宣传和实际活动，提高了公众的环保意识，为我国未来的环境保护事业奠定了坚实的基础。这一时期的努力和探索，为后来的环保活动提供了思想和实践上的重要借鉴，推动了我国环境保护事业的不断进步和发展。

第二节　20世纪80年代至90年代：媒体报道与公众参与

在20世纪80年代至90年代，环保意识逐渐成为社会关注的焦点，媒体在推动环保意识的增强和公众参与的加深方面发挥了关键作用。本节将从媒体报道与公众参与两个方面展开，深入探讨这一时期环保主题在媒体中的呈现以及公众参与环保活动的增加。

一、环保主题在媒体中的呈现

（一）媒体报道环保问题的增加

20世纪80年代至90年代，媒体对环保问题的报道呈现出明显的增加趋势，各类主流媒体，包括报纸、电视、广播等，纷纷关注环境污染、自然灾害以及环保活动等话题。这一时期的报道不仅数量显著增加，质量也得到了提升，内容涵盖了大量的环保信息，通过深度报道和专题节目向公众传递环保信息，引起了广泛的关注和讨论。

随着经济发展和城市化进程的加快，人们对环境问题的关注度逐渐提升。媒体通过对环境问题的持续报道，揭示了工业化进程对环境的深远影响，如大气污染、水体污染、土地破坏等。这些报道不但揭示了环境污染的现状，还通过具体案例和数据分析，展示了污染对人类健康和生态系统的危害。媒体的深入报道使公众对环境问题有了更直观和具体地了解，极大地提高了公众的环保意识和社会责任感。

此外，媒体还积极报道和推广各类环保活动和政策，介绍国内外先进的环保经验和技术，倡导可持续发展的理念。例如，关于环境保护法的制定与实施、关于环保技术的创新和应用、关于公众环保活动和环保组织的成立等。这些报道不仅引发了社会各界对环境保护的热烈讨论，也推动了相关政策的出台和落实。

媒体还通过专题节目和公益广告，向公众普及环保知识，倡导环保生活方式。例如，如何减少日常生活中的废物产生、如何进行垃圾分类、如何节约能源和水资源等。通过这些形式多样的宣传，媒体在增强公众环保意识方面发挥了重要作用。

（二）环保主题在文化娱乐节目中的渗透

除了传统的新闻报道，环保主题还开始在文化娱乐节目中得到渗透，形成了一股强有力的社会文化潮流。电影、电视剧、音乐等作品中出现了更多关于环保、自然保护的内容。例如，一些电影和电视剧通过生动的故事情节和形象的塑造，向观众展示环境问题的严重性，呼吁人们关注环保、珍爱自然。这些作品通过讲述环境污染对人类生活的影响、展示自然灾害带来的灾难性后果，以及描述人类与自然和谐共生的美好图景，深刻地触动了观众的心灵，激发了他们对环保的认同和活动的愿望。

音乐界也不乏涉及环保主题的歌曲，歌手们通过音乐作品表达对自然环境的关怀和对环境保护的呼吁。音乐会和公益演唱会等活动，也成为传递环保信息的重要平台，通过音乐这种富有感染力的艺术形式，进一步拓宽了环保意识的传播渠道。

同时，环保主题还渗透到文学作品、绘画、雕塑等其他艺术形式中，形成了多元化的文化传播格局。作家们通过小说、散文、诗歌等作品，描绘了人与自然的关系，揭示了环境问题的复杂性和紧迫性。艺术家们则通过各种视觉艺术作品，展示了自然的美丽与脆弱，唤起了人们对环保问题的深切关注。

这些文化娱乐节目的渗透，进一步拓宽了环保意识的传播渠道，吸引了更广泛的观众群体关注环保问题。不论是通过视觉艺术、听觉艺术还是文学艺术，环保主题的传播都在潜移默化中影响着人们的观念和行为，推动了社会对环保事业的支持和参与。

（三）公共广播与环保宣传的融合

公共广播在 20 世纪 80 年代至 90 年代也成为环保宣传的重要渠道，扮演了关键的角色。广播节目通过形式多样的环保宣传活动，如专题讲座、宣传片播放等，向广大听众传递环保知识，呼吁大家积极参与环保活动。广播的特点在于信息传递迅速、覆盖面广泛，因此在环保宣传中具有独特的优势。

公共广播通过定期播放环保主题节目，不仅为听众提供了丰富的环保知识，还通过生动的案例和故事，使环保理念深入人心。例如，一些广播节目会讲述成功的环保活动案例，介绍各地的环保创新和成就，让听众看到环保工作带来的积极变化，从而激励更多的人参与到环保活动中来。除此之外，一些节目还会邀请环保领域的专家学者进行科普，解答听众的疑问，讲解环保知识和实践方法，帮助听众更好地理解和落实环保措施。

此外，公共广播还利用其广泛的覆盖面，针对不同地区和人群设计和播放定制化的环保节目。例如，针对城市居民的环保节目可能会侧重于城市污染防治、垃圾分类和节能减排等问题；而针对农村地区的节目则可能更加关注水土保持、农业污染防治和生态保护等问题。这种有针对性的宣传，提高了环保信息的传播效果，使各个群体都能从中受益，并更好地参与到环保活动中来。

广播电台也经常组织和参与各类环保宣传活动，例如环保日的特别节目、环保知识竞赛、环保活动倡导等，通过这些活动增强听众的参与感和互动性。在这些活动中，广播不仅是信息传递的工具，更是公众参与环保活动的平台，推动了环保意识在社会各阶层的普及和深化。

同时，广播还利用广告时间播放环保公益广告，简洁有力地传递环保信息，进一步强化了环保宣传的效果。这些公益广告通过简明扼要的语言和有力的呼吁，提醒人们日常生活中应注意的环保细节，如节约用水、减少塑料使用、爱护绿化等，潜移默化中培养了听众的环保习惯。

总的来说，20世纪80年代至90年代，公共广播在环保宣传中发挥了独特且重要的作用。通过其迅速的信息传递和广泛的覆盖面，广播有效地将环保理念传播到社会的各个角落，引导和激励公众关注和参与环保活动，为环保事业的发展提供了强大的舆论支持和社会动员力。

二、公众参与环保活动的增加

在 20 世纪 80 年代至 90 年代，随着环境问题日益受到关注，公众对环保活动的参与逐渐增加，成为推动环保意识提升和社会环保活动发展的重要力量。

（一）公众参与环保活动的途径与方式

公众参与环保活动的途径与方式多种多样，反映了社会各界对环保问题的关注和参与的渴望。主要形式有志愿服务与环保组织参与等。20 世纪 80 年代至 90 年代，我国越来越多的人选择通过志愿服务和参与环保组织来积极投身于环保活动。志愿者们利用自己的业余时间参与环保公益活动，如环保植树、环保清洁活动等，为改善环境状况贡献自己的一份力量。这一时期，随着经济的快速发展和工业化进程的加速，环境问题日益凸显，空气污染、水污染和土壤污染等问题引起了广泛关注。面对日益严峻的环境形势，许多公众自发组织起来，成立了各种环保团体和组织，旨在提高公众的环保意识，推动环保政策的实施。

这些环保志愿者不仅在城市中进行环保宣传，发放环保宣传资料，组织环保讲座，还深入农村和偏远地区，帮助当地居民了解环保知识，推广环保技术。例如，他们会在植树节期间组织大规模的植树活动，以增加绿化面积，减少沙尘暴的发生；在河流湖泊周边开展清理垃圾活动，保护水源地的清洁；在社区内开展废物分类和回收利用的宣传，推动垃圾减量和资源循环利用。

同时，这一时期的环保志愿者还积极参与各类环保项目，例如湿地保护项目、野生动物保护项目等。他们通过实地考察、数据收集和科学研究，为环保项目提供了宝贵的支持和信息。他们的努力不仅提升了公众的环保意识，也推动了政府和企业对环保问题的重视和投入。

总的来说，20 世纪 80 年代至 90 年代，环保志愿者们通过多种形式的志愿服务和环保活动，为改善环境状况作出了重要贡献。他们的无私奉献和积极推进，成为环保事业的重要力量，为后续的环保工作奠定了坚实的基础。

（二）公众环保意识的觉醒与提升

在媒体报道和环保活动的推动下，公众对环保问题的认识不断提升，环保意识得到了普遍觉醒。越来越多的人开始注意自身的环境行为，采取节约能源、减少污染等环保措施，形成一股强大的环保潮流。

20世纪80年代至90年代，在广泛的媒体宣传和各类环保活动的推动下，公众对环保问题的关注和认识有了显著提升。媒体通过新闻报道、专题节目、公益广告等形式，将环境污染、资源浪费、生态破坏等问题呈现在大众面前，使环保理念深入人心。学校和社区也积极开展环保教育，普及环保知识，让环保观念逐步渗透社会的各个层面。公众对环保问题的认识不再局限于简单的环境污染，而是更加全面地关注生态平衡和可持续发展。

1. 环保活动的普及

随着环保意识的觉醒，公众的环保活动逐渐增多，并且成为一种时尚和社会责任。节约能源、减少污染、环保消费等环保行为开始在日常生活中广泛推行。例如，许多人选择购买环保产品，减少使用塑料袋，实行垃圾分类，节约用水用电。公共交通和骑行逐渐成为更多人的出行选择，减少了汽车排气污染物。这些环保活动不仅提高了环境质量，还促进了环保经济的发展。

2. 环保问题的认识深化

在20世纪80年代至90年代，人们对环保问题的认识逐步深化，从最初的关注环境污染到更加关注生态平衡和可持续发展。公众逐渐认识到，环境保护不仅仅是治理污染，还涉及资源的合理利用、生态系统的保护以及人与自然的和谐共生。越来越多的人开始关注森林保护、野生动物保护、水资源管理等更广泛的生态问题，并参与相关的环保活动和公益活动。

3. 环保潮流的形成

这种日益高涨的环保意识和活动形成了一股强大的环保潮流，推动着社会各界共同参与环保事业。企业纷纷加入环保行列，实行清洁生产，推行环保技术，履行企业社会责任。政府加大了环保政策的制定和执行力度，出台了一系列法规和标准，强化环境监管和执法。学校和教育机构加强了环保教育，提高了青少年的环保意识，培养了新一代的环保卫士。社会各界的共同努力，使环保事业在这一时期取得了显著的进展。

4. 公众参与与社会责任

公众的环保意识觉醒不仅体现在个人的环保行为上，还体现在积极参与社会环保活动和政策倡导上。许多人加入了环保志愿者队伍，参与到各类环保公益活动中，如植树造林、清理河道、宣传环保知识等。环保组织和社团也在这一时期快速发展，成为推动环保事业的重要力量。公众的积极参与和社会责任感的增强，为环保事业的发展提供了强大的支持和动力。

总的来说，20世纪80年代至90年代，在媒体报道和环保活动的推动下，公众对环保问题的认识不断提升，环保意识普遍觉醒。公众的环保活动从个人行为扩展到社会责任，形成一股强大的环保潮流，推动了社会的环保发展，为实现生态平衡和可持续发展奠定了坚实的基础。

（三）社会团体与公益组织的崛起与发展

在20世纪80年代至90年代，随着环保意识的不断增强，许多环保组织和公益团体应运而生。这些组织和团体积极参与环保活动，推动环保理念的传播和实践，成为社会环保力量的重要组成部分。

1. 环保组织和公益团体

这一时期，各类环保组织和公益团体迅速崛起，成为环保事业的重要推动力量。国际环保组织如环保和平、世界自然基金会等，在我国设立分支机构，积极推动全球环境保护项目的实施。与此同时，许多本土环保组织和公益团体也纷纷成立，如自然之友。这些组织通过宣传教育，致力于提高公众的环保意识，推动环境保护政策的制定与实施。

2. 组织活动与宣传教育

这些社会团体和公益组织通过组织各种活动和宣传教育，号召更多的人加入环保事业中来，为环保工作注入新的活力。例如，他们组织社区清洁活动、植树造林、环保知识讲座等，通过实际活动和宣传教育，提高公众对环境保护的认识和重视程度。许多环保组织还通过出版书籍、制作宣传资料、开展环保讲座等方式，普及环保知识，倡导环保生活方式。

3. 环保公益项目与活动

环保组织积极开展各类环保公益项目，推动环保意识的普及和环保活动的开展。例如，一些组织致力于水资源保护，开展清理河流、湖泊的活动，监测水质，并呼吁公众节约用水。另一些组织则专注于空气质量提高，推动减少工业排放、推广清洁能源使用等项目。这些公益项目不仅在环境保护上取得了实质性成果，也极大地提高了公众对环保活动的参与度和支持度。

4. 媒体报道与公众参与

在 20 世纪 80 年代至 90 年代，媒体对环保问题的报道显著增加，成为这一时期环保意识不断提升的重要推动力量。媒体的广泛关注和深入报道，揭示了环境污染的严重性和紧迫性，激发了公众的环保意识。例如，电视纪录片、报纸专栏、广播节目等都频繁报道环境污染事件，展示了污染对生态系统和人类健康的危害。通过这些报道，公众对环境问题有了更直观和深入的了解，环保意识得到显著提升。

第三节 21 世纪初至今：政策引导与新媒体时代

21 世纪初，我国在环保政策引导方面取得了很大的进步，体现在政府制定了一系列环保政策，这些政策不断演变进化，形成了立法和监管体系。

一、政府环保政策的制定与实施

21 世纪初至今，环境问题日益成为全球关注的焦点，各国政府纷纷制定并实施一系列环保政策，以应对日益严峻的环境挑战。下面将重点探讨政府环保政策的制定与实施，包括政府环保政策的演变与调整、环保立法与监管体系的建立，以及政府环保政策的效果评估与改进。

（一）政府环保政策的演变与调整

政府环保政策的制定与实施并非一成不变，而是随着社会发展和环境问题的变化而不断演变和调整。回顾 20 世纪 80 年代至 90 年代的环保政策，可以清晰地看到其经历了几个阶段的演变。

首先是从简单的污染治理到生态文明建设的转变。在早期，政府主要关注污染治理，通过控制污染物排放、修复受污染的土地和水源等方式来应对环境问题。然而，随着环境问题的复杂性和严重性日益凸显，单一的污染治理措施已经不能满足日益增长的环境保护需求。因此，政府开始提出生态文明建设的理念，强调生态环境与经济社会发展的协调发展，推动经济向高质量发展转变，实现环保发展和可持续发展。

其次是对不同环境问题的重点调整。在环保政策的制定和实施过程中，政府逐渐意识到不同环境问题的严重性和紧迫性，并相应调整政策重点。例如，早期政府主要关注工业污染和大气污染治理，但随着时间的推移，对水污染、土壤污染等问题的关注程度也逐渐增加。政府根据环境问题的实际情况和社会需求，及时调整政策重点，以更好地应对不同的环境挑战。

另外，政府环保政策的演变还受到国际环境协议和国际环保标准的影响。随着全球化进程的加速，环境问题已经成为跨国界的共同挑战。因此，各国政府需要加强国际合作，共同应对全球性环境问题。政府在制定环保政策时，通常会考虑国际环保标准和国际环保协议的要求，加强国际合作，共同推动全球环境保护事业的发展。

（二）环保立法与监管体系的建立

政府环保政策的制定和实施需要建立健全的环保立法与监管体系，以保障环保政策的有效实施和执行。

首先，我国政府相继颁布了一系列环保法律法规，主要包括：

《中华人民共和国水污染防治法》：1984 年 5 月 11 日第六届全国人民代表大会常务委员会第五次会议通过，根据 1996 年 5 月 15 日第八届全国人民代表大会常务委员会第十九次会议《关于修改〈中华人民共和国水污染防治法〉的决定》修正。① 这是我国第一部专门针对水污染问题的法律。该法规定了水污染的防治措施，明确了水污染责任的主体和违法行为的处罚措施，为加强水环境保护工作提供了法律依据。

《关于修改〈中华人民共和国大气污染防治法〉的决定》修正：1987 年 9 月 5 日第六届全国人民代表大会常务委员会第二十二次会议通过，根据 1995 年 8 月 29 日第八届全国人民代表大会常务委员会第十五次会议，2000 年 4 月 29 日第九届全国人民代表大会常务委员会第十五次会议第一次修订，2015 年

---

① 中华人民共和国中央人民政府. 中华人民共和国水污染防治法［EB/OL］.（2005-08-05）. https：//www.gov.cn/yjgl/2005-08/05/content_20885.htm.

8月29日第十二届全国人民代表大会常务委员会第十六次会议第二次修订。①这是我国第一部专门针对大气污染问题的法律，于1987年颁布实施。该法规定了大气污染的防治目标和措施，明确了大气污染责任的主体和违法行为的处罚措施，为加强大气环境保护工作提供了法律支持。

其次，环保监管机构和管理体系的建立。政府建立了专门的环保监管机构，负责环境保护的监督管理和执法工作。这些环保监管机构在监督环境行为、查处违法行为、保障环境质量等方面发挥着重要作用。同时，政府还建立了环境监测、评估和管理体系，加强对环境污染源的监管和治理。通过建立健全的环保监管机构和管理体系，政府能够更加有效地推动环保政策的实施和执行，保障环境质量和生态安全。

（三）环保效果的评估与改进

环保政策的实施需要不断进行效果评估与改进，以确保政策能够取得预期的环保效果并符合社会经济发展的需要。政府通过监测环境质量、评估环境政策的实施效果，及时发现问题和不足之处，并采取相应措施加以改进和完善。

首先，环境质量监测与评估。政府通过建立环境监测网络和环境评估体系，对环境质量进行持续监测和评估，及时发现环境问题和污染源，为环境保护决策提供科学依据。通过对环境质量的监测和评估，政府能够了解环境状况的变化和趋势，及时采取有效措施加以应对。

其次，环境政策效果评估与改进。政府定期对环境政策的实施效果进行评估，分析政策的实际执行情况和环境效果，及时发现问题和不足之处，并采取相应措施加以改进和完善。政府可以通过开展环境政策评估、组织专家评审、听取社会各界意见等方式，全面了解环境政策的实施情况和效果，为环境政策的优化和调整提供科学依据。

最后，政府还需要加强与社会各界的沟通与合作，充分发挥各方的积极作用，共同推动环保工作的开展。政府可以通过建立环保信息公开制度，加

---

① 受权发布：中华人民共和国大气污染防治法［EB/OL］.（2015-08-30）. http：//www. xin-huanet. com//politics/2015-08-30/c_ 128180129. htm.

强与企业、社会组织和公众的对话与合作等方式，促进环保政策的贯彻执行，实现环保工作的良性循坏和持续发展。

二、21 世纪初新媒体对环保意识的影响

在 21 世纪初，新媒体的兴起给环保意识的普及和提升带来了新的机遇和挑战。下面将从社交媒体在环保宣传中的作用与影响、在线教育平台与环境教育的发展以及科技创新与环保科技传播的新趋势三个方面探讨新媒体对环保意识的影响。

（一）社交媒体的广泛应用

随着社交媒体的飞速发展，人们之间的信息传递和互动方式发生了革命性的变化。在这个数字化时代，社交媒体平台已经成为环保组织、活动家和普通民众推动环保事业、倡导环保生活的重要渠道。通过社交媒体，环保信息可以迅速传播到全球范围内，引发公众对环保议题的关注和讨论。

社交媒体的广泛应用为环保宣传提供了广阔的舞台。从微博到 Facebook、Instagram 等平台，用户可以通过发布环保相关的图片、视频和文章来传播环保理念。例如，一张展示美丽自然风光的照片、一个反映环境问题的视频，或者是一篇深度探讨环保解决方案的文章，都有可能在社交媒体上引起广泛关注和转发。这些内容不仅能够感染和启发观众，还能够加深公众对环保问题的认识，引导他们改变生活方式，采取更环保的行为。

环保组织和活动家可以利用各种社交媒体工具，如发布动态、发起话题、建立群组等，与广大网友进行互动和交流。例如，在微博上，环保组织可以发起话题讨论，邀请网友分享环保经验和观点；在 Facebook 上，活动家可以创建活动页面，邀请志愿者参与环保活动。这些互动形式可以促进社会各界的共同参与，形成合力推动环保事业的良好局面。

此外，社交媒体的互动性和传播速度也为环保活动注入了新的活力。通过社交媒体，环保信息可以快速传播到全球各地，形成舆论效应，引发公众对环保议题的关注和热议。一条环保相关的微博或推文，甚至有可能在短时间内引发数百万次转发和评论，成为社会关注的焦点。这种广泛的传播和讨

论，有助于扩大环保意识的影响范围，推动社会朝着更加可持续的方向发展。

综上所述，社交媒体的崛起为环保宣传提供了广阔的舞台，使环保信息可以快速传播、广泛传播，引发公众的关注和讨论。通过社交媒体，我们可以共同倡导环保生活，推动环保事业迈向更加美好的未来。

（二）在线教育的蓬勃发展

随着网络技术的不断发展，在线教育平台在环境教育领域扮演着越来越重要的角色。从优质的环境保护课程到生动的环保实践视频，各种形式的环保教育资源在各大在线教育平台上涌现，为广大网民提供了便捷、系统和全面的环保知识和技能培训。

例如，网易云课堂上有许多优质的环保课程，涵盖了环境科学、可持续发展、气候变化等多个方面的知识。这些课程不仅由专业的环境学者和行业专家授课，还结合了丰富的案例分析和实践经验，帮助学习者深入了解环境问题的严重性，掌握应对环境挑战的方法和技巧。

除了课程外，网易云课堂还提供了丰富多彩的环保主题活动和学习资源。例如，定期举办的环保公益讲座、线上研讨会等活动，邀请了众多环保专家和活动家分享经验和见解，激发了广大网友的环保热情和参与度。此外，网易云课堂还推出了一系列环保主题的微课程、小视频和专题报道，通过生动有趣的方式向用户传递环保知识，引导用户积极参与环保活动。

其他在线教育平台，如大学 MOOC、慕课网等，也在积极推广环保教育内容。他们通过与高校、研究机构和环保组织合作，共同打造了一系列优质的环保课程和学习资源，为学习者提供了丰富多样的学习选择。这些课程涵盖了环境科学、生态保护、资源利用等多个领域，覆盖了不同年龄段和背景的学习者，为他们提供了更加全面的环保知识和技能培训。

通过这些在线教育平台，人们可以随时随地通过网络学习环境保护知识，了解环境问题的严重性以及应对环境挑战的方法和技巧。这不仅有助于提高个人的环保意识和素养，也为培养更多的环保专业人才奠定了基础。同时，这些平台的发展也促进了环境教育的普及和深入，为全社会的环保活动提供了重要支持和保障。

（三）科技创新的迅猛发展

科技创新是推动环保事业发展的重要动力。新型的环保科技产品和解决方案通过新媒体平台得以广泛传播，引起了公众和企业的广泛关注和应用。

太阳能、风能等可再生能源技术的发展和应用，不仅有助于减少对传统能源的依赖，降低温室气体排放，还为经济可持续发展提供了新的动力源。智能环保设备和传感器的应用，可以实时监测和管理环境污染，提高环保工作的效率和水平。

在新媒体的推动下，环保科技的创新和传播呈现出多样化和跨界化的趋势。通过科技创新，我们有望找到更加有效的解决方案，实现经济发展与环境保护的双赢局面。

（四）人工智能（AI）的进展迅速

1. 人工智能（AI）带来的机遇

随着新媒体的不断发展和普及，环保意识的传播和提升将呈现出更多新的可能性和挑战。同时，人工智能（AI）技术的发展为环保工作带来了前所未有的机遇，主要表现在以下方面：

（1）数据分析与预测能力的提升

AI 技术通过深度学习和数据挖掘，能够对海量的环境数据进行快速分析和处理，从而实现准确预测自然灾害（如洪涝、地震等）发生的可能性和影响范围，提前采取防范措施，减少损失和伤亡。

（2）精准地资源管理和调度

AI 技术可以通过智能化的算法和模型，对城市资源进行精细化管理和调度，实现资源的最优配置和利用。例如，在城市交通管理中，AI 技术可以分析交通流量数据，优化交通信号灯的控制策略，减少拥堵和尾气排放；在水资源管理中，AI 技术可以监测水质和水量，预测用水需求，实现水资源的合理分配和节约利用。

（3）智能环保监测与治理

AI 技术可以结合传感器网络和无人机等技术，实现对环境污染源的实时监测和定位，为环保执法和治理提供数据支持。例如，通过无人机搭载的高分辨率摄像头和气体传感器，可以对工厂排放的废气和废水进行监测，及时发现违规行为并进行处罚。

（4）环保意识教育与互动体验

AI技术可以结合虚拟现实（VR）和增强现实（AR）等技术，为公众提供更加生动、互动的环保教育和体验。例如，通过VR技术，人们可以身临其境地体验森林砍伐的影响，感受到环境破坏的真实性，从而更加深刻地认识到环保的重要性。

2. 人工智能（AI）扮演的角色

AI技术在环保传播中扮演着越来越重要的角色，它为环保信息的传播、环保理念的普及和可持续发展的推进提供了新的途径和工具。主要表现在：

（1）智能化内容推荐

AI技术可以分析用户的偏好和行为数据，智能地推荐与环保生活相关的内容，包括环保新闻、环保科技、可持续发展实践等。通过个性化的推荐，AI技术可以帮助用户更加便捷地获取到感兴趣的环保信息，提高他们的环保意识和参与度。

具有智能推荐功能的新闻客户端和社交媒体平台主要包括：

今日头条（Toutiao）：今日头条是一款基于用户兴趣推荐的新闻客户端，通过AI技术分析用户的浏览历史和行为，为用户推荐个性化的新闻内容。用户可以在今日头条上订阅关注环保、科技、可持续发展等方面的内容，从而获取与环保生活相关的资讯。

微信（WeChat）：微信是我国当下最流行的社交媒体平台之一，也拥有智能推荐功能。通过微信的公众号订阅服务和朋友圈分享，用户可以获取到各种环保生活相关的内容，包括环保新闻、环保科技、可持续发展实践等。此外，微信还提供小程序平台，用户可以在其中找到许多与环保相关的应用程序和服务。

百度（Baidu）：百度是互联网搜索引擎，也提供智能推荐服务。用户可以通过百度搜索获取与环保生活相关的信息，并在百度的新闻、贴吧、百度知道等模块中参与讨论和分享环保话题。

新浪微博（MicroBlog）：新浪微博是的一款社交媒体平台，用户可以关注环保生活、环保组织等相关账号，获取与环保相关的实时资讯和讨论。新浪微博也提供了话题功能，用户可以参与到各种环保话题的讨论中去。

这些平台都在不同程度上利用 AI 技术进行内容推荐，通过分析用户的兴趣和行为，为用户提供个性化的环保生活内容推荐。

（2）数据驱动的环保营销

AI 技术可以通过分析大数据，了解用户的消费习惯和偏好，从而为企业提供个性化的环保产品和服务推广方案。通过智能的营销策略，企业可以更好地与消费者沟通，激发其购买环保产品的兴趣和动机，推动环保消费的发展。

淘宝作为国内最大的在线购物平台之一，利用 AI 技术进行个性化推荐，其中包括针对环保消费偏好的产品推荐。在淘宝上，用户在浏览和购买商品时，系统会收集并分析他们的行为数据，如搜索历史、点击记录、购买偏好等。基于这些数据，淘宝的 AI 算法可以理解用户的消费习惯和兴趣，从而向他们推荐更符合其环保消费偏好的产品。

举例来说，如果一个用户经常搜索或购买有机食品、环保家居用品或其他环保产品，淘宝的 AI 系统就会根据用户的购买历史和浏览行为，向其推荐更多类似的环保产品。这些推荐可能包括有机食品品牌、环保家居品牌、可持续发展相关的产品等，从而帮助用户更容易地发现和购买符合其环保消费偏好的商品。

通过这种个性化推荐的方式，淘宝能够提高用户对环保消费的认知和兴趣，促进环保产品的销售和推广，进而推动更多消费者参与到环保消费活动中来。

（3）虚拟现实（VR）和增强现实（AR）体验

AI 技术结合虚拟现实和增强现实技术，可以为用户提供沉浸式的环保体验。例如，通过 VR 技术，用户可以身临其境地探索大自然的美丽，感受到环境保护的重要性；而 AR 技术则可以为用户提供实时的环保信息和指导，激发他们积极参与环保活动。

结合 AI 技术的虚拟现实（VR）和增强现实（AR）体验在环保领域有着广泛的应用和潜力。我们在以下方面进行了有益的探索：

虚拟现实探索自然保护区：我国拥有众多自然保护区，如川藏高原、云南热带雨林等，这些地区的生态环境丰富多样。通过利用 VR 技术，人们可以在不离开家门的情况下，仿佛置身于自然保护区中，探索其独特的生物多样性和自然景观。例如，使用 360 度全景摄影和虚拟现实设备，用户可以在家中欣赏到珍稀野生动物的生活场景，感受到大自然的壮美与宁静，从而增强对自然保护的认识和重视。

增强现实的环境监测与教育：在城市，人们可以利用 AR 技术实时获取环境监测数据和环保信息。例如，通过手机应用程序或 AR 眼镜，用户可以在现实场景中看到城市空气质量指数、水质监测数据等环保信息的实时展示。这种实时监测和信息传递能够提高公众对环境问题的认识，激发公众参与环境保护的积极性。例如，一些城市的 AR 应用程序可以将城市绿化率、环保活动等信息与用户所处位置结合起来，提供个性化的环保建议和行为指导，引导用户采取环保措施，如垃圾分类、节能减排等。

虚拟社区参与环保活动：利用 VR 技术，可以打造虚拟的社区环境，为人们提供一个共享环保资源和参与环保活动的平台。例如，建立虚拟社区环保中心，用户可以在其中参与环保培训、举办环保活动、分享环保经验等。这种虚拟社区的建立可以打破地域限制，让更多的人参与到环保活动中来，形成全民参与的环保氛围。

通过结合 AI 技术的虚拟现实和增强现实技术，可以为用户提供更加沉浸式和个性化的环保体验，促进公众更深入地了解和参与环保事业。

（4）社交媒体智能化运营

AI 技术可以帮助环保组织和活动家在社交媒体上进行智能化的运营。通过分析社交媒体数据，AI 可以发现热门话题和关键词，制定更加精准的宣传和推广策略，提高环保信息的传播效果和影响力。同时，AI 还可以实时监测舆情，及时回应用户的反馈和疑虑，建立更加稳固的社交媒体形象。

有一些环保组织利用社交媒体平台进行智能化运营，在社会上取得了显著的影响力。如中国环境保护基金会在社交媒体上展开了积极的宣传和动员活动。他们利用 AI 技术分析社交媒体数据，了解公众对环保议题的关注点和态度，从而更有针对性地制定宣传策略和活动方案。通过精准的宣传和动员，环保和平基金会成功地引导了大量网民关注环保议题，促进了环保意识的提升和环保活动的实施。

这些环保组织通过在社交媒体上进行智能化运营，成功地引导了公众对环保议题的关注和参与，推动了环保意识的提升和环保活动的开展。他们的做法值得其他环保组织借鉴和学习，共同推动我国的环保事业取得更大的成就。

（5）环保智慧城市建设

AI 技术在智慧城市建设中发挥着重要作用，通过智能化的城市管理系统和环境监测设备，可以实现对城市环境的实时监测和管理。通过数据分析和预测，可以及时发现和解决环境问题，提升城市的环保水平和居民的生活品质。

许多城市已经部署了智能化的环境监测设备，通过 AI 技术实现对空气质量、水质、噪声等环境指标的实时监测和分析。例如，某城市的生态环境部门利用 AI 算法分析监测数据，及时发现空气污染源和水质问题，并采取相应的管控措施，保障市民的健康和环境的可持续发展。

我国在智慧城市建设方面取得了显著的进展，许多城市都在环境监测方面作出了积极的探索和实践。以下是一些在智慧城市环境监测方面表现突出的城市：

上海：作为中国的经济中心和国际大都市，上海在智慧城市建设方面一直走在全国的前列。上海建设了全面的环境监测网络，覆盖了空气质量、水质、噪声等多个方面。通过 AI 技术分析监测数据，上海能够及时发现环境问题，并采取相应的措施，保障市民的生活质量。

北京：作为中国的首都和政治中心，北京在环境监测方面投入了大量的资源和精力。北京建立了完善的环境监测系统，覆盖了空气质量、水质、土壤污染等多个方面。通过 AI 技术分析监测数据，北京能够及时发现环境问题，并通过智能化的管理手段进行管控，提高城市的环境质量和居民的生活水平。

深圳：作为中国的科技创新中心之一和经济特区，深圳在智慧城市建设方面也取得了显著成绩。深圳利用先进的传感器技术和 AI 算法，实现了对空

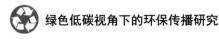

气质量、水质、噪声等环境数据的实时监测和分析。通过智能化的环境管理系统，深圳能够更好地应对环境挑战，推动城市的可持续发展。

这些城市之所以在智慧城市环境监测方面做得出色，一方面是因为它们具有先进的技术和管理水平；另一方面是因为它们重视环境保护对城市发展的重要性，愿意投入大量资源和精力来推动智慧城市建设。

第三章　环保传播的媒介形态

第一节　报刊、书籍

一、环保传播代表性报刊

我国的环保传播报刊涵盖广泛，主要分为综合性和全国性环保报刊、地方性环保报刊和机构主办的环保报刊等，内容涉及环境保护、生态建设、绿色发展等多个方面。以下是一些较为知名的环保传播报刊。

（一）综合性和全国性环保报刊

1. 《中国环境报》

创办时间：1984 年。

主办单位：《中国环境报》是由中华人民共和国生态环境部主管，中国环境报社主办，是全球唯一一种国家级的环境保护报纸，为中华人民共和国生态环境部直属的新闻机构。[①]

作为全国性环保宣传的重要平台，《中国环境报》致力于报道环境政策、环境科学和环境教育等方面的内容。它为政策制定者、环保专业人士和公众提供了一个了解最新环保动态和政策的平台。它是我国最具权威性的环保报纸之一，广泛影响着环保政策和公众环保意识。

2. 《中国绿色时报》

《中国绿色时报》是我国林业系统的行业报，也是我国唯一以"绿色"

---

① http：//www.cenews.com.cn/index.html.

命名的国家级生态环境类社会性报纸，其前身为 1986 年林业部创办的《中国林业报》，主办单位是全国绿化委员会、国家林业和草原局。1997 年 11 月 16日，江泽民亲笔为《中国绿色时报》题写了报名。①

定位：《中国绿色时报》以"顺应绿色潮流，荟萃绿色信息，倡导绿色时尚，共建绿色家园"为己任，紧密配合我国可持续发展战略的实施和"再造秀美山川"伟大事业的深入开展，及时准确地传递着党和国家有关林业和生态环境建设的政策、法规信息，以丰富、权威的经济、科技、市场资讯为中国绿色事业和绿色产业提供服务和支持。②

3.《环境保护》

创刊时间：1973 年。

主管单位：中华人民共和国生态环境部主管的国家级环境保护类期刊，生态环境部工作指导刊③

定位：这是一份学术性和政策性相结合的综合性期刊，注重环境科学研究和环境政策分析，旨在推动环境保护科学和技术的发展。④ 在环保领域具有重要的学术和政策影响力，是环境保护领域的重要刊物。

4.《环境与发展》

创刊时间：1994 年。

主办单位：中国环境保护产业协会、中国环境保护产业协会环境影响评价行业分会、中华人民共和国生态环境部环境工程评估中心。

主要贡献：以环境保护与经济发展为主题，探讨如何实现两者的协调统一。该刊物关注绿色经济和可持续发展，提出了许多有益的见解和建议。

《环境与发展》发挥杂志在环境保护中的科研优势，同时依托中国环境保护产业协会环境影响评价行业分会、生态环境部环境工程评估中心、中国科学院地理科学与资源研究所、国家发展和改革委员会国土开发与地区经济研

① https：//baike. baidu. com/item/%E4%B8%AD%E5%9B%BD%E7%BB%BF%E8%89%B2%E6%97%B6%E6%8A%A5/11000438? fr=aladdin.

② https：//baike. baidu. com/item/%E4%B8%AD%E5%9B%BD%E7%BB%BF%E8%89%B2%E6%97%B6%E6%8A%A5/11000438? fr=aladdin.

③ https：//www. hjbhzz. com/.

④ https：//www. hjbhzz. com/.

究所等主办、协办单位的学术资源扩充专业领域，增加生态文明研究等内容，主要报道环境保护与可持续发展的最新研究成果，包括各地区开展环境科学研究和环境保护工作实践的新动向。① 在环境与经济发展的交叉领域具有重要影响力。

5.《中国绿色画报》

创刊时间：2003 年。

主办单位：《中国绿色画报》杂志是国家广播电视总局批准，由国家林业和草原局主管、中国林业科学研究院、中国野生动物保护协会、中国绿化基金会指导主办的国内外公开发行的综合性大型月刊。

主要贡献：从 2003 年创刊以来，得到联合国环境规划署（UNEP）、联合国粮农组织（FAO）的智力支持。现已发展成为国内唯一倡导绿色生态环保文明理念的国家级主流期刊。作为前瞻性、市场化的专业刊物，得到了各界高度重视认可。②

坚持大绿色的办刊宗旨，遵循以人为本，努力促进人与自然、人与社会之间和谐、依存、互动、和平共处关系的建立，努力促进物质与精神、自然与社会、历史与现实、中国与世界的可持续发展，为构建社会主义和谐社会、全面建设小康社会、实现中华民族伟大复兴恪尽职守。

（二）地方性环保报刊

1.《上海环境科学》

创刊时间：1982 年。

主办单位：《上海环境科学》杂志是由上海市生态环境局主管，上海市环境科学研究院主办的省级期刊。③

内容涵盖上海地区的环境科学研究、环境工程技术和环境管理经验等，促进地方环保科研和实践的结合。

2.《青海环境》

创刊时间：1984 年。

---

① http：//www.wisdomtreeqk.com/QK/？QKID＝665.

② https：//www.kuaiqikan.com/zhong-guo-lv-se-hua-bao/.

③ https：//www.haofabiao.com/shhjkx/.

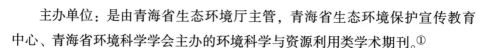

主办单位：是由青海省生态环境厅主管，青海省生态环境保护宣传教育中心、青海省环境科学学会主办的环境科学与资源利用类学术期刊。[1]

主要报道青海省的环保政策、环保活动和环境科技成果，推动地方环保工作的开展。

3.《环境科学导刊》

创刊时间：1982 年。

主办单位：云南省环境保护厅主管，云南省环境科学研究院主办。内容：主要刊登环境科学学术性论文、环境科研报告及介绍环境工程应用技术的文章。[2]

主要栏目：环境管理研究、湖泊环境研究、污染治理技术、生态与自然保护、农业环境保护、环境监测分析、环境与人体健康、环境科学信息及国外环境科技介绍等。

（三）机构主办的环保报刊

1.《环境化学》

创刊时间：1984 年。

主办单位：中国科学院生态环境研究中心主办的学术性刊物。内容涉及环境分析化学、环境污染化学、污染控制化学、污染生态化学、环境理论化学、区域环境化学和化学污染与健康等研究领域。是我国环境化学学科的唯一科技期刊，是历届"全国环境化学大会"的协办期刊。[3]

2.《生态环境学报》

创刊时间：1992 年，原刊名为《热带亚热带土壤科学》。

主办单位：广东省土壤学会和广东省科学院生态环境与土壤研究所主办。[4]

该报刊主要关注生态环境保护、生态系统管理和生态技术应用，促进生

---

① https：//baike. baidu. com/item/%E9%9D%92%E6%B5%B7%E7%8E%AF%E5%A2%83？ from-Module＝lemma＿ search-box.

② https：//sns. wanfangdata. com. cn/perio/ynhjkx/？ tabId＝column&ztext＝%E9%AB%98%E5%8E%9F%E6%B9%96%E6%B3%8A%E7%A0%94%E7%A9%B6.

③ http：//hjhx. rcees. ac. cn/hjhx/news/solo-detail/benkanjieshou.

④ https：//www. jeesci. com/CN/column/column3. shtml.

态学研究的成果转化。

3. 《环境科学学报》

创刊时间：1981 年。

主办单位：中国环境科学学会。

该报刊及时报道国内环境科学与工程领域新近取得的创新性研究成果，跟踪最新学术进展，推动我国和世界环境科学事业的发展。报道领域涵盖环境化学、环境地学、环境毒理与风险评价、环境修复技术与原理、环境污染治理技术原理与工艺、环境经济与环境管理等。①

4. 《中国环境管理》

主办单位：《中国环境管理》（Chinese Journal of Environmental Management）由生态环境部主管，生态环境部环境发展中心主办，生态环境部环境规划院协办。

该报刊主要关注环境管理政策、环境经济学和可持续发展，提供政策建议和管理经验；刊登有关环境管理理论、方法研究的原创性学术论文；反映国内外环境管理方面的理论研究动向和综述；反映政府部门、科研机构、大专院校和业内人士最为关心的环境热点问题；反映环境管理领域的书讯、书评、会讯、会议综述、招聘信息、学者风采、项目招标、课题介绍、研究团队、管理创新、域外采风等。②

二、环保传播代表性书籍

（一）学术书籍

我国在研究环保传播方面的学术专著主要包括：

1. 《绿媒体》

作者：王莉丽。

出版时间：2005 年。

该书探讨了中国当前面临的主要生态环境问题及其成因，并提出了解决

---

① https：//www. actasc. cn/homeNav？lang＝zh.

② http：//zghjgl. ijournals. cn/ch/index. aspx.

途径。分析大众传媒在环境监视、社会整合、文化教育、娱乐休闲和广告推销等方面的社会功能，强调了大众传媒在构建公共空间中的作用，并探讨其与环境保护的关系。

该书以"环保传播"为主题，是我国第一本以环保传播为主题的著作，不仅体现了作者对时代主题的敏感性，更体现了对社会发展的责任。①

2.《环境传播》

作者：郭小平。

出版时间：2013 年。

在理论研究层面，本书探究了风险社会中环境传播的媒体功能，类型化地论述了环境风险传播，剖析了环境新闻生产的现实困境，并着重从"社会资本"的视角探究了"邻避冲突"中新媒体、公民记者与环境公民社会的"善治"。此外，还探究了生态环境冲突中的媒体风险沟通问题，揭示了环境活动中传媒与非政府组织的复杂勾连。

在传播策略层面，研究从环境传播的风险伦理、以生态思维重构环境新闻报道、消费社会的环境传播策略等维度，探索性地思考了环境传播的路径选择。②

3.《中国环境保护传播研究》

作者：贾广惠。

出版时间：2015 年。

该书从中国几十年环保传播实践回顾总结入手，着重分析了大众传媒的各种环境风险传播，包括自然灾变、水与空气污染、食品污染等重要传播议题；分析了客体因素、主体因素的影响，据此提出改进中国环保传播要优化制度环境、提升传媒的职能等现实对策。该书结合具体报道案例，关注了很多被忽视的议题，解析深刻独到，具有鲜明的环保实践特色和独到的学术透

---

① https：//baike. baidu. com/item/％E7％BB％BF％E5％AA％92％E4％BD％93/12295815？ fr＝aladdin.

② https：//baike. baidu. com/item/％E7％8E％AF％E5％A2％83％E4％BC％A0％E6％92％AD/357068？ fr＝ge_ ala.

视能力。①

（二）文学书籍

1. 《狼图腾》

作者：姜戎。

出版时间：2004 年。

该书主要以插队草原知青陈阵的视角，讲述了 20 世纪六七十年代内蒙古草原游牧民族的生活以及牧民与草原狼之间的故事。全书由几十个有机连贯的"狼故事"组成。该书以作者自己的亲身经历、以近乎自传体的叙事视角，引领读者进入狼的活生生的世界。

该书出版后，引起关注。截至 2009 年，《狼图腾》中文版已经实现销售 300 余万册，外文版已经出版 30 个语种，覆盖 110 个国家和地区，中文版连续 6 年高居文学类图书榜前 10 名。②

影响及作用：《狼图腾》通过文学的形式生动地传达了生态保护的重要性，唤起了读者对自然环境的敬畏和保护意识。小说通过对草原生态和狼群生存智慧的细腻描写，使得生态保护理念更加具象和感性。其广泛流行不仅使环保理念深入人心，还推动了公众对生态环境保护的关注。通过对生态平衡和环境保护的强调，《狼图腾》在公众环境意识的提升和环保政策的传播上发挥了重要作用。

2. 《尘埃落定》

作者：阿来（藏族）。

出版时间：1998 年。

该小说描写一个声势显赫的康巴藏族土司，在酒后和汉族太太生了一个有智力障碍的儿子。这个人人都认定的智力障碍者与现实生活格格不入，但却有超时代的预感和举止，并成为土司制度兴衰的见证人。小说展现了独特的藏族风情及土司制度的浪漫和神秘。2000 年，《尘埃落定》获第五届茅盾

---

① https：//baike.baidu.com/item/%E4%B8%AD%E5%9B%BD%E7%8E%AF%E5%A2%83%E4%BF%9D%E6%8A%A4%E4%BC%A0%E6%92%AD%E7%A0%94%E7%A9%B6/50930771？fr=ge_ala.

② https：//baike.baidu.com/item/%E7%8B%BC%E5%9B%BE%E8%85%BE/10991623？fr=aladdin.

文学奖。2019 年 9 月 23 日,《尘埃落定》入选 "新中国 70 年 70 部长篇小说典藏"。[①]

《尘埃落定》以藏族地区的历史和文化为背景,描绘了一个世代族群在环境变迁中的命运和抗争。小说通过对自然环境与人类社会关系的细腻描写,展现了环境变化对人类生活的深远影响。作品中,环境的变化不仅是自然景观的改变,更是对人类社会、文化和经济的深刻影响,反映了生态环境与人类命运的密切关联。

影响及作用:《尘埃落定》通过文学创作,深刻反映了环境变迁对人类社会的影响,增强了读者对环境保护的紧迫感和责任感。小说通过对自然环境变迁的描写,揭示了环境保护的复杂性和必要性,激发了读者的环保意识。其文学价值和社会影响力,使其成为传播环保理念的重要载体,为环保事业提供了文化和精神支持。

第二节　广播

近年来,我国广播中关于环保节目的数量和种类呈现出逐渐增加的趋势。这种趋势反映了社会对环境保护问题日益增长的关注,以及媒体在传播环保理念和信息方面所发挥的重要作用。

一、广播中关于环保传播的代表性节目和频道

(一)《环保之声》

1. 频道

中国中央人民广播电台。[②]

2. 栏目主要内容

环境新闻报道:每日报道最新的国内外环境新闻,及时传递环保动态和

---

① https: //baike. baidu. com/item/% E5% B0% 98% E5% 9F% 83% E8% 90% BD% E5% AE% 9A/910149? fr=ge_ala.

② http: //www. cnr. cn/.

事件。

政策法规解读：对国家和地方出台的环保政策和法规进行深入解读，帮助听众了解政策背景和实施效果。

环保科技前沿：介绍最新的环保科技成果和创新技术，推动科技在环保领域的应用。

环境问题探讨：针对突出的环境问题，邀请专家学者进行深入分析和探讨，提供多角度的视野和解决方案。

公众参与和互动：设置听众互动环节，鼓励听众参与讨论、分享环保经验和提出问题。

3. 栏目主要特点

专业性强：节目内容专业，邀请业内专家、学者和政府官员进行权威解读，信息准确且深度分析。

时效性高：及时报道和分析最新的环保动态和事件，确保听众第一时间获取重要信息。

互动性强：通过多种平台与听众互动，如热线电话、微信公众号等，增强听众的参与感和节目黏性。

覆盖面广：节目内容覆盖面广，从政策解读到科技前沿，从环境问题探讨到公众参与，全面呈现环保领域的方方面面。

（二）《青未来 FM》

由上海市教委发起的青少年生态文明教育品牌"青未来"与上海新闻广播共同打造的首档环保类广播节目《青未来 FM》，于 2018 年 3 月起每周六、日下午四点至五点在上海新闻广播（FM93.4）播出。

1. "青未来"的含义

青：指青年学生群体，借"青出于蓝而胜于蓝"之说表达青年环保的领先理念；同时，"青"又代绿色生态，"青"的谐音晴天的"晴"、清澈的"清"，都具有环保属性。

未来：指青年学生精神文明的未来，又指地球自然生态的未来。

"青"寓意活力,"未来"代表憧憬,所以取名"青未来"。①

2. 播出平台

上海新闻广播,是上海人民广播电台 1949 年 5 月 27 日成立时的第一套频率,每天播出 24 小时,以上海为中心,辐射苏、浙、皖等地区。该频率的收听率和市场份额在上海地区各频率中排名第一,市场份额常年保持在 30% 左右。②

(三)《温州绿色之声》

《温州绿色之声》是温州市的一个专门以环保为主题的广播频率,通过传播环保知识、推广绿色生活方式、提高公众的环保意识,积极推动温州地区的环境保护事业。

1. 播出平台

《温州绿色之声》通过调频广播(FM)形式向温州及其周边地区的听众播出,其覆盖范围广泛,受众包括城市和乡村居民。此外,该频道还通过互联网直播平台和移动应用程序向更广泛的听众提供服务,方便公众随时随地收听环保资讯。③

2. 主要内容

环保新闻:及时报道国内外最新的环保动态和政策法规,包括环保政策的制定与实施情况、环保事件的追踪报道、国际环保会议和论坛的资讯等。

专题节目:深度探讨环境保护的各类专题,如大气污染、水污染、土壤修复、生物多样性保护、气候变化等,邀请环保专家、学者、政府官员和企业代表进行深入解读和讨论。

科普教育:传播环境科学知识,介绍环保技术和绿色生活方式,提供环保实践指导,如垃圾分类、节能减排、绿色消费等。

公众参与:鼓励听众参与环保活动,通过热线电话、短信互动、社交媒

---

① 上海教育. 青少年环保类广播节目《青未来 FM》[EB/OL]. (2018-03-04). https://www.so-hu.com/a/224823909_391459.

② 上海教育. 青少年环保类广播节目《青未来 FM》[EB/OL]. (2018-03-04). https://www.so-hu.com/a/224823909_391459.

③ https://upimg.baike.so.com/doc/8880128-9205700.html.

体等方式与听众互动，收集公众对环保问题的意见和建议，报道和推广市民参与环保的典型事例。

公益广告：制作和播放各种形式的环保公益广告，呼吁公众关注和参与环保活动，宣传环保理念和行为规范。

3. 主要特点

专注环保主题：与其他综合性广播频率不同，《温州绿色之声》专注于环保主题，内容专业性强，信息丰富，致力于打造环保资讯的权威平台。

专家资源丰富：节目邀请了大量环保领域的专家学者作为嘉宾，保证了内容的科学性和权威性，能够为听众提供准确的环保知识和政策解读。

公众互动性强：通过多种互动方式增强与听众的沟通，鼓励市民积极参与环保活动，形成良好的社会氛围，提升公众的环保意识。

地域特色明显：立足温州本地，关注和报道温州及其周边地区的环保问题和解决方案，推动地方政府、企业和公众共同参与和支持环保事业。

媒体融合发展：除了传统的调频广播，还积极利用互联网和新媒体平台，拓宽传播渠道，扩大受众覆盖面，实现全媒体传播。

4. 对环保传播的主要贡献

《温州绿色之声》通过其专业的环保节目和广泛的传播渠道，有效地提高了公众的环保意识和知识水平，促进了绿色生活方式的推广。它不仅为听众提供了丰富的环保资讯和实用的环保知识，还为政府、企业和社会各界搭建了一个交流和合作的平台，推动了环保政策的实施和环保事业的发展。在促进温州地区环保事业的同时，《温州绿色之声》也为全国其他地区的环保传播工作提供了有益的借鉴和示范作用。

这些节目和频道不仅提供了丰富的环保信息和知识，还通过各种活动和互动，向公众传达环保理念，提高了公众对环境保护的认知和参与度，共同推动社会的绿色发展和可持续发展。

二、广播环保节目发展趋势分析

我国广播中的环保节目近年来蓬勃发展，环境保护节目在电视台、电台以及网络平台上都广泛存在，这些节目涵盖了新闻报道、纪录片、科普节目、专题讨论等多种形式。呈现以下发展趋势：

（一）节目数量增加

随着公众环保意识的不断提升和政府对环境保护的日益重视，环保广播节目数量显著增加。从早期的《绿色之声》到后来的《绿色家园》，这些节目涵盖了环境新闻、政策解读、环保知识、绿色生活方式等多个方面。早期的节目多集中在基础的环保知识普及和简单的新闻报道，而近年来，随着环保议题的复杂化和专业化，节目内容变得更加丰富和多样。

（二）互动性增强

环保广播节目越来越注重与听众的互动，致力于通过多种渠道提升节目与观众之间的沟通与参与。除了传统的热线电话外，这些节目还常常安排现场访谈环节，让听众有机会亲自到广播电台或活动现场，与专家、政府官员和环保组织代表面对面交流。这种多元化的互动方式不仅使听众能够实时表达他们对环境问题的看法和建议，还促进了公众对环保问题的深入了解与参与。

（三）跨媒体传播

在传统广播之外，许多广播电台将环保节目内容同步到网络平台，通过播客、微信公众号、微博等多种渠道进行传播，扩大了节目的影响力和受众范围。例如，《绿色家园》不仅在广播中播出，还在相关的社交媒体平台上分享节目的精彩内容和听众互动，形成线上线下互动的立体传播格局。通过跨媒体传播，节目可以覆盖更多的受众，尤其是年轻群体，他们更习惯通过网络和移动终端获取信息。此外，节目还利用新媒体的互动功能，与听众进行实时互动，收集听众的意见和建议，进一步提升节目的影响力和传播效果。

第三节　电视

随着全球环境问题日益严峻，环境保护的意识逐渐深入人心。为了提高公众的环保意识，电视媒体作为重要的信息传播渠道，发挥了不可替代的作用。本节将详细探讨我国电视媒体中环保传播的发展历程、现状及未来的发展趋势。

一、电视媒体中环保传播的发展历程

电视媒体的环保传播经历了三个主要发展阶段：萌芽阶段、发展阶段和成熟阶段。

（一）萌芽阶段（20世纪70—90年代初）

20世纪70年代末，我国逐渐开始意识到环境问题的重要性。在这一阶段，电视媒体对环境问题的报道相对有限，主要集中在对污染事件的简单报道，缺乏系统性和深度。这一时期的报道往往只是对环境污染事件的直接呈现，如某地环境受到破坏，居民生活受到影响等。缺乏对事件背后原因的深入挖掘和分析，也没有对解决方案进行探讨。这一阶段的环保传播主要起到了引起公众对环境问题初步关注的作用，为后续环保传播的深入发展奠定了基础。

（二）发展阶段（20世纪90年代中期—21世纪初）

20世纪90年代中期至21世纪初，电视媒体对环境问题的关注度逐渐提高。1993年，中央电视台开播了《焦点访谈》，该栏目逐渐增加了对环境问题的报道。此外，一些专门的环保节目也陆续出现，如《地球故事》《环保时空》等。这一阶段，电视媒体开始将环境问题作为重要的新闻内容进行报道，强调环保的重要性，呼吁公众参与环保活动。这一时期的报道不仅数量增加，而且内容更加多样化，从简单的事件报道扩展到对环境问题的深度解读和反思，开始引导公众思考环境问题的根源和解决途径。同时，电视媒体在这一阶段也逐渐意识到其在环保传播中的重要角色，积极承担起社会责任，通过报道唤起公众的环保意识和社会责任感。

（三）成熟阶段（21世纪初至今）

进入21世纪，随着环保意识的提升和媒体技术的发展，环保传播进入了成熟阶段。电视媒体在报道环境问题时，不仅关注环境事件的发生，还注重探讨其背后的深层次原因和解决方案。例如，中央电视台的《经济半小时》

《东方时空》等栏目中，环保议题的报道占据了相当比重，节目形式也从简单的新闻报道扩展到深度调查、专题片等多种形式。这一阶段的环保传播更加系统和全面，电视媒体不仅仅是报道事件，还通过深入调查和专题分析，揭示环境问题的复杂性和多样性，推动公众和政府更加重视环保工作，促进环保政策的落实和改进。

二、目前代表性环保节目及频道

我国的电视节目和频道中，关于环境保护的内容不断丰富，逐渐形成了一批具有影响力的节目和频道，致力于提高公众的环保意识，传播环境保护知识。以下是一些具有代表性的节目和频道：

（一）《绿色空间》

频道：中央电视台科教频道（CCTV-10）。

节目简介：《绿色空间》是中央电视台科教频道（CCTV-10）于2005年12月26日创办的唯一一档以环境为主题的节目，节目试图通过历史与现实中的话题，借鉴国内外自然生态保护过程中的经验与教训，通过筛选案例来警示观众。其最终目的是提醒人类要自觉尊重地球上的所有生命，在自然界的生物链中，努力让自己与自然更好地相处。①

栏目宗旨：探寻大自然的环境，你总会有新奇的经历。在和谐生态空间中，你总能相遇难忘的瞬间。在久远的历史长河中，你得到的是心灵的震撼。绿色空间，每天精彩一篇。让你足不出户，轻松感悟这个世界每天都有的千变万化。②

栏目风格：在关注生灵，保护环境，持续发展，创造和谐的栏目定位引导下，用敏锐的眼光捕捉自然界各种生命之间的相互关系，用清醒的头脑去判断我们身边所发生的与资源和环境相关事件；栏目以一种发掘事实真相，讲述精彩故事的方式，定制每一期节目。在表现自然界的美好画面的同时，

---

① https：//baike. so. com/doc/6107525-6320638. html.
② https：//baike. so. com/doc/6107525-6320638. html.

也展示本不该出现的地球创伤的景象。①

主要贡献：提高了公众对环境保护的关注和理解，推动了环保政策的宣传和实施。

（二）《自然传奇》

频道：中央电视台科教频道（CCTV-10）。

历史发展：2000年9月23日开播，初期在中央电视台第一套节目（CCTV-1）的"中央电视台综合频道"播出，每期时长70分钟。后来先后进入中央电视台第二套节目（CCTV-2）的"中央电视台财经频道"、中央电视台第七套节目（CCTV-7，原"中央电视台军事·农业频道"，现为中央电视台国防军事频道）。②

2010年12月13日，《自然传奇》开始在中央电视台科教频道（CCTV-10）播出，时长由原来的90分钟调整为50分钟。

主要内容：以引进、编译国外优秀节目为主，结合节目的主题化、系列化选题及制作理念，聚焦动植物世界生命传奇故事、探寻揭示宇宙万象的神奇奥秘。③

该节目以纪录片形式展示自然界的奇观和生态系统的复杂性，涵盖野生动物保护、生态环境变化、人类与自然的关系等主题。

主要成就：该团队多年制作科教频道《走近科学》栏目，是10套译制类节目中富有特色的栏目，节目收视率一直名列前茅。自2005年以来，该团队多次负责该频道寒暑特别编排，屡次打破同时段频道纪录，为频道整体收视起到了强劲的拉动作用。团队同时承担台内多项特别节目的制作，如《关注探月》系列、《回到恐龙时代》《天下奇观——日全食》《中国恐龙大调查》等均获得社会影响和收视双丰收。④

（三）中央电视台纪录频道（CCTV-9）

频道简介：该频道于2011年1月1日开播后，以高忠诚度、高关注度和

① https：//baike. so. com/doc/6107525-6320638. html.

② https：//baike. so. com/doc/5410664-5648759. html.

③ https：//tv. cctv. com/lm/zrcq/.

④ https：//baike. so. com/doc/5410664-5648759. html.

高美誉度迅速成长为中央电视台的极具标志性品牌频道之一，业已成为中国最具潜在国际影响力的电视传播媒介。①

作为中央电视台的纪录频道，CCTV-9 制作和播出了大量关于环境保护的纪录片和专题节目，内容涵盖生态环境、动植物保护、气候变化等。②

该频道中的代表节目则包括：

《地球脉动》：这是一部大型自然纪录片，通过高清镜头展示了地球上各种生物的生活状态及其与环境的关系，唤起了观众对自然保护的关注。

《绿色中国》：该节目介绍了我国各地的环保项目和生态保护区，展示了我国在环境保护方面的努力和成果。

《水下中国》：这部纪录片探访了中国的水下生态系统，通过精彩的水下拍摄，展示了海洋生物的美丽和脆弱。

主要贡献：通过生动的影像和深入的报道，向观众展示了自然环境的美丽与脆弱，唤起了公众对环境保护的关注。纪录片的高质量制作和深刻内容，有助于提升环保意识和推动环保活动。

（四）中央电视台科教频道（CCTV-10）

开播时间：2001 年 7 月 9 日。

频道简介：CCTV-10 作为科教频道，播出了大量环保主题的科普节目和纪录片，内容涉及环境科学、环保技术、生态保护等。③

代表节目：

《走近科学》：这是一档科普节目，通过介绍环境科学的基础知识和前沿研究，让观众了解环境问题的科学背景。

《探索·发现》：该节目探寻自然界的神奇奥秘，挖掘历史事件背后鲜为人知的细节和人物命运，展示中华文明的博大恢宏，是"中国的地理探索，中国的历史发现，中国的文化大观"。④

《绿色空间》：该节目专注于环境保护和绿色生活，介绍了各种环保技术

---

① https：//tv. cctv. com/cctv9/.

② https：//www. cctv. com/？ spm＝C28340. PKpSO2EXsfPO. E2XVQsMhlk44. 1.

③ http：//www. cctv. com/homepage/profile/10/index. shtml.

④ http：//tv. cctv. com/lm/tsfx/.

和绿色生活方式的实际应用。

主要贡献：通过科学的视角和深入的科普，帮助观众了解环境问题的科学背景和解决方案，提升了公众的环保素养。节目的深入探讨和生动展示，增强了观众对环保的理解和支持。

（五）央视网"生态环境"频道

央视网"生态环境"频道由央视网和生态环境部宣传教育中心合作建设，全面整合部委、协会、媒体、研究机构、企业等资源，构建生态产业宣传推广平台，专注生态环境保护、ESG、可持续发展、节能降碳等领域全媒体宣传，在重大时间节点，例如世界地球日、世界环境日、世界海洋日、国家低碳日、生物多样性日等，通过组织相关论坛、研讨会、展览展示等活动，增强全民环境保护意识、节约意识、生态意识，倡导低碳、节约的绿色生活方式和消费方式，推动绿色环保、新能源以及快消类等企业提升核心竞争力和品牌价值，践行社会责任，实现可持续发展。①

作为唯一以生态环境为主题的专业高清电视频道，全天 24 小时滚动播出，旨在传播党和国家关于环境保护的方针政策，普及生态环境科学知识，带动中国经济建设与环境保护双向共赢。

这些电视节目和频道通过全面报道环境保护动态和深入探讨环保话题，增强了公众的环保意识，促进了环境保护事业的发展。频道的专业化和全天候播出，使环保信息得以广泛传播，形成了良好的社会影响力。

三、电视媒体中环保传播的发展趋势

随着环保意识的不断提升和媒体技术的不断发展，电视媒体中环保传播将呈现以下发展趋势：

（一）多媒体融合

随着新媒体技术的发展，电视媒体将与互联网、移动媒体等多种媒体形式融合，形成多媒体传播模式。通过电视、网络、手机等多种渠道，环保信

---

① 央视网. 央视网生态环境频道简介［EB/OL］.（2022-05-13）. https://eco. cctv. cn/2022/05/13/ARTI9Ml5cYx81IPskCWi9doF220513. shtml.

息的传播将更加便捷和广泛，公众获取环保信息的途径将更加多样化。例如，电视媒体可以将环保节目的视频内容上传到视频网站和社交媒体平台，扩大传播范围，吸引更多观众。同时，电视媒体还可以利用直播技术，实时播报环保新闻和活动，增强传播的即时性和互动性。

（二）互动性增强

电视媒体在环保传播中将更加注重与公众的互动。通过在线互动、社交媒体等形式，电视媒体将与公众建立更紧密的联系，增强环保传播的效果。例如，通过微博、微信等社交媒体平台，电视媒体可以与公众进行互动，收集公众的意见和建议，提升环保传播的效果。还可以通过互动节目和在线讨论，邀请公众参与环保话题的讨论，分享他们的环保经验和观点，形成全社会参与环保的良好氛围。此外，电视媒体还可以通过开展环保活动和竞赛，吸引公众积极参与，提高公众的环保热情和实践能力。

（三）个性化传播

电视媒体在环保传播中将更加注重个性化传播。通过大数据技术，电视媒体可以根据观众的兴趣和需求，定制个性化的环保节目和内容，增强环保传播的针对性和有效性。例如，电视媒体可以根据观众的观看习惯和兴趣爱好，推荐相关的环保节目和报道，提供个性化的环保信息服务。同时，电视媒体还可以通过数据分析，了解观众对环保问题的关注点和需求，优化节目内容和形式，提高节目的吸引力和影响力。此外，电视媒体还可以通过定制化服务，为特定群体提供专门的环保教育和培训，满足不同观众的环保需求。

（四）国际合作

电视媒体在环保传播中将更加注重国际合作。通过与国际环保组织、外国媒体的合作，引进国外先进的环保理念和技术，推动国内环保工作的开展。例如，通过与国际环保组织的合作，电视媒体可以引进国外的环保纪录片、宣传片等，向公众传递全球环保信息。同时，电视媒体还可以与外国媒体联合制作环保节目，分享各国在环保领域的成功经验和做法，促进国际环保交流与合作。此外，电视媒体还可以通过报道国际环保会议和活动，展示中国在环保领域的成就和努力，提升中国在国际环保事务中的影响力和话语权。

第四节　电影

自中华人民共和国成立以来，环保类电影逐渐成为电影创作的重要题材之一。这些电影通过艺术的表现形式，向公众传递环保理念，增强环保意识，推动环保活动。本节将从环保电影的数量、发展历程、创作特点及未来趋势等方面，系统分析环保类电影的发展概况。

一、环保类电影的分类

自然保护类：如《狼图腾》《重返狼群》《我们诞生在中国》等，聚焦自然生态系统和野生动物保护。

环境污染类：如《塑料海洋》《家园》等，揭示环境污染问题，呼吁减少污染。

气候变化类：如《蓝色星球》《气候变化：事实真相》等，关注气候变化及影响。

环保人物类：如《塞罕坝上》等，讲述环保人士或环保事件的真实故事。

二、环保电影的发展历程

我国环保类电影的发展可以大致分为以下几个阶段：

（一）萌芽阶段（1949—1978 年）

在中华人民共和国成立初期，环保类电影数量较少，主要以科教片和纪录片形式出现。这一时期的环保电影多为政府出资制作，主要用于普及环保知识，倡导环保意识。这些影片多以展示自然景观和野生动物为主题，内容较为简单，主要目的是引导公众关注环境保护。例如，《大熊猫》是这一时期的代表作，展示了大熊猫的生活习性和保护现状。通过这些影片，观众逐渐认识到环境保护的重要性，初步树立了环保意识。在这一时期，电影技术和制作水平相对落后，影片内容较为单一，但它们为后来的环保电影打下了基础。另一个代表作是史诗电视纪录片《长江》，该片通过记录长江沿岸的自然风光和生态系统，展现了我国丰富的自然资源和生物多样性。这些影片虽然数量不多，但为我国的环保电影奠定了基础，培养了早期的观众基础和社会环保意识。

（二）起步阶段（1978—1990 年）

改革开放后，随着经济的发展和环境问题的日益突出，环保类电影逐渐增多。这一时期的电影开始关注环境污染问题，通过影视作品反映社会现实，引起公众对环境问题的关注。例如，1988 年上映的《黄河绝恋》通过讲述黄河流域的污染问题，引起了社会的广泛关注。影片展现了由于工业废水排放和农业化肥使用过度导致的水污染问题，引发了观众对环境保护的思考和讨论。

（三）发展阶段（1990—2010 年）

进入 21 世纪，环保问题成为全球关注的焦点，环保电影也进入了快速发展阶段。这一时期的电影题材更加多样化，制作水平也有了显著提高。例如，2003 年上映的《天地英雄》不仅讲述了古代战士的冒险故事，还通过影片展现了西部地区的壮丽自然景观，呼吁保护生态环境。

另一部重要的影片是 2004 年上映的《可可西里》，该片通过真实事件改编，讲述了志愿者保护藏羚羊的故事。影片不仅在国内获得了多项大奖，还在国际上赢得了广泛的认可。通过这些影片，观众不仅了解到我国的环境问题，也认识到环境保护的意义。

这一时期，环保电影开始关注更广泛的环境议题，如气候变化、生物多样性、生态平衡等。这些影片不仅具有娱乐性，也通过艺术的表现形式，传递了深刻的环保理念，推动了环保意识的普及和提升。

（四）成熟阶段（2010 年至今）

随着环境保护意识的不断增强，环保类电影进入了成熟期。这一时期的电影不仅数量增加，质量也大幅提升。例如，2015 年上映的《狼图腾》通过讲述内蒙古草原上人与狼的故事，探讨了人类与自然和谐共处的主题。影片不仅在国内取得了良好的票房成绩，也在国际上获得了广泛认可。

另一部具有代表性的影片是 2016 年上映的《我们诞生在中国》，该片由

"迪士尼自然"出品，通过纪录片的形式，记录了中国境内的野生动物和自然景观。影片不仅展示了我国丰富的自然资源，还呼吁全球观众关注环境保护。该片在国际上取得了不俗的票房成绩和口碑，进一步提升了我国环保电影的国际影响力。

我国环保类电影的发展经历了从萌芽、起步、发展到成熟的阶段。每个阶段都有其独特的特点和代表作品，这些电影在不同的历史时期，通过不同的艺术形式，传递了环保理念，呼吁社会关注和保护环境。随着环保意识的不断提升和电影制作水平的不断提高，环保电影将在未来继续发挥重要作用，推动环保事业的发展，为实现可持续发展目标做出更大贡献。通过影视艺术的力量，我们将进一步增强社会的环保意识，推动全社会共同参与环境保护，实现人与自然和谐共处的美好愿景。

三、代表性环保电影

1. 《我们诞生在中国》

导演：陆川。

上映时间：2016 年。

主要内容：影片记录了大熊猫、金丝猴和雪豹三个家庭的生活，展现了这些珍稀动物在自然环境中的生存状态及其面临的挑战。影片从春天开始，跟随这些动物家庭度过了一整年，细腻地记录了它们的成长、繁殖和生存故事。大熊猫丫丫在繁育新生命的过程中经历了重重困难，但最终迎来了新生命的诞生；金丝猴淘淘在失去母亲后，逐渐学会了独立生活；雪豹达娃在艰难的高原环境中努力抚养着自己的幼崽。影片通过这些感人的动物故事，让观众更加了解和关心这些珍稀物种。

创作特色：影片采用了自然纪录片的拍摄手法，画面唯美细腻，动物行为真实自然，情感表达细腻动人。导演陆川成功地将动物世界与人类情感相结合，使影片具有很强的情感感染力。

对于环保传播的贡献：影片在全球范围内上映，通过对珍稀动物的细致描绘，增强了观众对这些物种的了解和保护意识，呼吁保护濒危动物及其栖息环境。影片的成功上映也促进了相关保护区和研究项目的资金支持和公众参与。

2.《重返·狼群》

导演：亦风。

上映时间：2017 年。

主要内容：影片讲述了画家李微漪在四川草原救助了一只被遗弃的小狼，并将其抚养长大，最终帮助小狼重返自然的故事。李微漪在一次偶然的机会下，发现了一只奄奄一息的小狼，决定将其带回家中照顾。在与小狼"格林"的相处过程中，李微漪逐渐感受到人与野生动物之间的特殊情感纽带。然而，当小狼逐渐长大，李微漪意识到必须让格林回到大自然中去，才能真正实现它的狼性本质。在朋友和专家的帮助下，她带着格林重返草原，经历了重重困难，最终成功地将格林放归野外。

创作特色：真实记录了人与狼之间的情感互动，采用纪实手法，感人至深。影片中的许多镜头都是真实拍摄的，给观众带来了强烈的现场感和情感共鸣。

对于环保传播的贡献：影片在国内外上映，通过展示人与野生动物之间的情感纽带，呼吁人们尊重自然、保护野生动物，并关注人与自然和谐共处的重要性。影片在社交媒体上引发了大量讨论，增强了公众对狼及其他野生动物的保护意识。

四、环保电影的创作特点

真实记录：许多环保电影采用纪录片的形式，真实记录了自然生态和环境问题，如《塑料海洋》《蓝色星球》等。这种真实记录的方式，更能引起观众的共鸣和思考。

情感共鸣：通过人物故事和情感表达，增强观众的情感共鸣，如《重返·狼群》，通过人与狼之间的感人故事，呼吁保护野生动物。

视觉冲击：环保类电影在视觉效果上也有很高的要求，通过震撼的画面，展示自然的美丽和脆弱，如《我们诞生在中国》，通过高清镜头展示了大熊猫、金丝猴和雪豹的生活环境。

科学严谨：一些环保电影在创作中注重科学性，通过严谨的数据和科学的分析，增强影片的说服力和教育性，如《气候变化的真相》。

五、环保类电影在环保传播中的推动作用

环保类电影通过艺术的手法，将环保理念深入人心，使公众在欣赏电影的同时，潜移默化地接受了环保教育。这些电影对环保传播的具体贡献主要体现在以下几个方面：

（一）增强观众环保意识

环保类电影通过真实生动的故事和影像，增强了观众的环保意识。例如，《狼图腾》通过陈阵与狼群的故事，生动地展示了草原生态系统的复杂性和生态平衡的重要性，让观众理解了人与自然和谐共处的必要性。这种感性与理性的结合，使观众在情感上产生共鸣，从而更深刻地认识到环境保护的重要性。

《我们诞生在中国》则通过细致描绘大熊猫、金丝猴和雪豹的生活，唤起了人们对珍稀动物的保护意识。影片通过展示这些动物的生存困境和生态环境的脆弱性，增强了观众对保护自然和生物多样性的紧迫感。

（二）环保主题的市场吸引力

这些电影在票房上的成功，证明了环保主题具有广泛的市场吸引力，进一步推动了环保理念的传播。例如，《狼图腾》以 3 亿元的制作成本取得了7.04 亿元的票房。① 《我们诞生在中国》的海外总票房已累计突破 1512.65 万美元，全球总票房累计近 2508.12 万美元。这部以"野生萌宠"攻破全球观众爱心防线、输出中国故事的纪录电影，成就了传奇。② 这些数据不仅显示了公众对环保电影的兴趣，也反映了环保意识在公众中的逐步增强。这种市场效应进一步鼓励了更多电影制作人和投资者关注环保题材，推动了环保电影的持续发展。

---

① 当年最烧钱的 6 部华语电影，最后一部血本无归［EB/OL］.（2024-01-20）. www.163.com 2024-01-2012：50https：//www.163.com/dy/article/IOO3GARE0529QV3F.html.

② https：//m.gmw.cn/baijia/2019-11/02/33287698.html.

（三）国际影展的传播效应

这些电影在国际影展上的表现，也促进了中国环保议题在国际上的传播。例如，《蓝色星球》和《重返·狼群》等影片通过国际平台的展示，进一步将我国的环保故事带到全球观众面前，提升了我国在全球环境保护领域的形象和话语权。

这种国际化的传播不仅增强了我国环保电影的影响力，也推动了国际的环保交流与合作，促进了全球范围内的环保意识提升和行动的落实。

（四）社会讨论与公众参与

这些电影通过社交媒体和各种宣传渠道，引发了广泛的社会讨论，增强了公众参与环保活动的积极性。例如，《重返·狼群》在社交媒体上引发了大量讨论，许多观众表示受到影片的感动和启发，开始关注并参与野生动物保护行动。这些社会讨论不仅扩展了环保传播的影响力，也促进了公众环保行为的实际转变。通过电影这一大众文化载体，环保理念得以在更广泛的社会层面传播，形成更为广泛的社会共识和行动力。

第五节　网络媒体

随着科技进步，网络媒体已经成为我国最主要的媒体之一。我国网民的数量、网络使用普及率均快速增长。

2024年3月，中国互联网络信息中心（CNNIC）在京发布第53次《中国互联网络发展状况统计报告》。该报告显示，截至2023年12月，我国网民规模达10.92亿人，较2022年12月新增网民2480万人，互联网普及率达77.5%。互联网在加快推进新型工业化、发展新质生产力、助力经济社会发展等方面发挥重要作用。[①]

在互联网基础资源发展状况中，截至2023年12月，我国IPv4地址数量为39219万个，IPv6地址数量为68042块/32，IPv6活跃用户数达7.62亿；

---

① https://www.cnnic.net.cn/n4/2023/0302/c199-10755.html.

我国域名总数约 3160 万个，其中，".CN"域名数量约 2013 万个；我国移动电话基站总数约 1162 万个，互联网宽带接入端口数量约 11.36 亿个，光缆线路总长度达 6432 万公里。[①] 如图 3-1 所示：

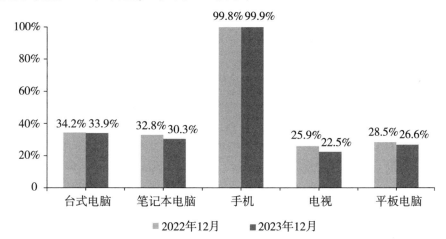

来源：中国互联网络发展状况统计调查（数据截至2023年12月）

图 3-1　互联网接入设备使用情况[②]

截至 2023 年 12 月，我国网民使用手机上网的比例达 99.9%；使用台式电脑、笔记本电脑、电视和平板电脑上网的比例分别为 33.9%、30.3%、22.5% 和 26.6%。[③]

截至 2023 年 12 月，我国网民规模达 10.92 亿人，较 2022 年 12 月增长 2480 万人，互联网普及率达 77.5%，较 2022 年 12 月提升 1.9 个百分点。对老年人、残疾人乐享数字生活的保障力度显著增强，2577 家老年人、残疾人常用网站和 App 完成适老化及无障碍改造，超过 1.4 亿台智能手机、智能电视完成适老化升级改造。[④]

① https：//www. cnnic. net. cn/n4/2023/0302/c199-10755. html.

② https：//www. cnnic. net. cn/n4/2023/0302/c199-10755. html.

③ https：//www. cnnic. net. cn/n4/2023/0302/c199-10755. html.

④ https：//www. cnnic. net. cn/n4/2023/0302/c199-10755. html.

网络普及率具体如图 3-2 所示：

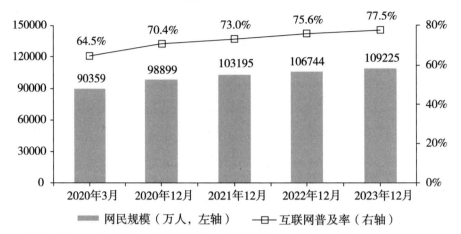

来源：中国互联网络发展状况统计调查（数据截至2023年12月）

图 3-2　2020 年 3 月—2023 年 12 月网民规模和互联网普及率①

截至 2023 年 12 月，我国网民的人均每周上网时长为 26.1 个小时。我国移动互联网接入流量达 3015 亿 GB，同比增长 15.2%。②

截至 2023 年 12 月，20～29 岁、30～39 岁、40～49 岁网民占比分别为 13.7%、19.2% 和 16.0%；50 岁及以上网民群体占比由 2022 年 12 月的 30.8% 提升至 32.5%，互联网进一步向中老年群体渗透。网民年龄结构具体如图 3-3 所示：

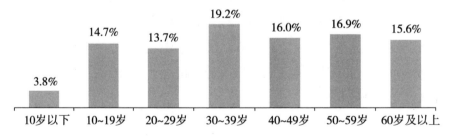

来源：中国互联网络发展状况统计调查（数据截至2023年12月）

图 3-3　网民年龄结构③

---

① https：//www. cnnic. net. cn/n4/2023/0302/c199-10755. html.

② http：//www. dvbcn. com/p/145049. html.

③ http：//www. dvbcn. com/p/145049. html.

截至 2023 年 12 月，我国即时通信用户规模达 10.60 亿人，较 2022 年 12 月增长 2155 万人，占网民整体的 97.0%。我国线上办公用户规模达 5.37 亿人，占网民整体的 49.2%。我国网络支付用户规模达 9.54 亿人，较 2022 年 12 月增长 4243 万人，占网民整体的 87.3%。①

各类互联网应用用户规模和网民使用率如表 3-1 所示。

表 3-1　2022 年 12 月—2023 年 12 月各类互联网应用用户规模和网民使用率②

应用	2023 年 12 月用户规模（万人）	2023 年 12 月网民使用率	2022 年 12 月用户规模（万人）	2022 年 12 月网民使用率	增长率
网络视频（含短视频）	106671	97.7%	103057	96.5%	3.5%
即时通信	105963	97.0%	103807	97.2%	2.1%
短视频	105330	96.4%	101185	94.8%	4.1%
网络支付	95386	87.3%	91144	85.4%	4.7%
网络购物	91496	83.8%	84529	79.2%	8.2%
搜索引擎	82670	75.7%	80166	75.1%	3.1%
网络直播	81566	74.7%	75065	70.3%	8.7%
网络音乐	71464	65.4%	68420	64.1%	4.4%
网上外卖	54454	49.9%	52116	48.8%	4.5%
网约车	52765	48.3%	43708	40.9%	20.7%
网络文学	52017	47.6%	49233	46.1%	5.7%
在线旅行预订	50901	46.6%	42272	39.6%	20.4%
互联网医疗	41393	37.9%	36254	34.0%	14.2%
网络音频	33189	30.4%	31836	29.8%	4.3%

---

① http：//www.dvbcn.com/p/145049.html.
② http：//www.dvbcn.com/p/145049.html.

综合以上数据分析，我国网民数量庞大，达到 10.92 亿人；网络使用时间长，网民的人均每周上网时长为 26.1 个小时；年龄结构式上，包括 10 岁以下的儿童到 60 岁以上的老人；使用类别上，从网络办公、学习、娱乐、购物、外卖等基本涵盖了人们生活的各个场景，从而形成立体化的传播结构，成为环保传播重要的媒介平台。

下面将具体分析网络媒体的环保传播的发展概况、呈现方式并进行案例分析。

一、网络媒体环保传播的发展概况

随着互联网的普及和发展，网络已成为环保信息传播的重要平台。环保传播网络内容从最初的零星信息发布，逐渐发展成多样化、多渠道的传播体系。通过网站、社交媒体、手机应用程序（App）、论坛等多种形式，环保信息得以迅速传播，环保理念深入人心。

二、网络媒体环保传播的呈现方式

（一）手机 App

2023 年，国内市场手机总体出货量为 2.89 亿部，同比增长 6.5%。其中，5G 手机出货量为 2.40 亿部，同比增长 11.9%，占同期手机出货量的 82.8%。[①]

截至 2023 年 12 月，我国手机网民规模达 10.91 亿人，较 2022 年 12 月增长 562 万人，网民中使用手机上网的比例为 99.9%。

手机网民规模及其占网民比例如图 3-4 所示。

手机作为最为便利的网络接入设备，很多人"机不离手"，这为利用手机媒体进行环保传播提供了很好的平台，传播针对性强，直达个人。

手机 App 已经成为环保类内容传播的重要载体，以下是一些具有代表性的环保类 App 及其内容和影响力。

---

① http：//www.dvbcn.com/p/145049.html.

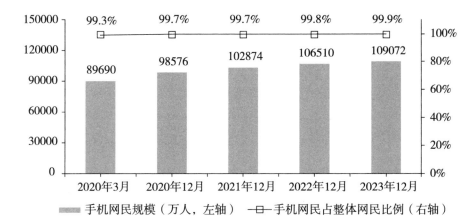

来源：中国互联网络发展状况统计调查（数据截至2023年12月）

图3-4　2020年3月—2023年12月手机网民规模及其网民比例①

蚂蚁森林：由阿里巴巴集团旗下的支付宝推出的一款公益环保应用。用户通过使用支付宝进行绿色消费、步行等环保行为积累能量，并将这些能量转化为现实中的树木种植。该应用不仅倡导低碳生活，还通过树木种植项目直接参与生态修复。自推出以来，蚂蚁森林已累计种植超过1亿棵树，覆盖面积达数百万亩，成为网络环保活动的典范。

空气质量指数（AQI）应用：如"墨迹天气""中国空气质量"等App，提供全国各地的实时空气质量监测数据。这些应用帮助公众了解各城市的空气污染状况，提升了公众对空气污染问题的关注和防护意识。

垃圾分类App：如"垃圾分类指南""绿城通"等，帮助用户了解垃圾分类知识，指导居民正确进行垃圾分类投放。这些应用通过实用的功能和便捷的操作，推动了城市垃圾分类政策的实施和普及。

（二）网站

环保类网站是网络环保内容的传统载体，以下是一些具有代表性的环保网站及其内容和影响力：

生态环境部官方网站：作为国家环保政策、法规和信息发布的权威平台，生态环境部官方网站提供全面的环保资讯、政策解读和数据统计，具有较高

---

① https：//www.cnnic.net.cn/n4/2023/0302/c199-10755.html.

的公信力和影响力。

绿色和平中国：国际环保组织"绿色和平"设立在我国的官方网站，提供关于气候变化、能源、海洋保护等方面的专业研究报告、新闻动态和行动指南。该网站在环保专业领域具有较高的影响力，受到学术界、媒体和公众的广泛关注。

地球村：国内著名环保组织地球村的官方网站，致力于环境保护、生态文明和可持续发展的宣传教育。网站内容丰富，涵盖环保新闻、环保知识、环保项目等多个方面，影响力广泛。

（三）社交媒体

社交媒体在环保内容传播中的作用日益显著，以下是一些主要的社交媒体平台及其环保内容传播的特点和影响力：

微博：作为我国最大的社交媒体平台之一，微博上活跃着大量环保组织、环保人士和环保话题标签。"环保志愿者""低碳生活"等话题，吸引了数百万用户参与讨论和转发，产生了广泛的社会影响。微博上的环保事件报道和讨论，能够迅速引起公众关注和媒体报道，推动环保议题的广泛传播。

微信：作为我国最主要的社交平台，微信上的环保内容传播主要通过公众号、朋友圈和微信群等形式。许多环保组织和媒体在微信平台上开设公众号，定期发布环保资讯、科普文章和行动倡议。朋友圈中的环保内容分享和讨论，也促进了环保理念的传播和实践。

视频平台：如抖音、快手、B站等短视频平台，通过生动形象的视频内容传播环保知识和理念。如一些环保科普短视频、环保公益广告和环保活动记录视频，吸引了大量用户观看和分享，增强了环保传播的感染力和影响力。

（四）论坛

环保类论坛为环保人士和公众提供了一个交流和互动的平台，以下是一些具有代表性的环保论坛及其内容和影响力：

环保社区：如"环保网论坛""绿色社区"等，提供环保知识交流、环保项目讨论、环保经验分享等功能。这些论坛聚集了大量环保爱好者和专业人士，形成活跃的环保社群，推动了环保信息的交流和传播。

本地环保论坛：如"深圳环保论坛""北京环保论坛"等，关注地方环保问题，提供地方环保资讯和交流平台。这些论坛通过地方环保事件的讨论和地方环保政策的宣传，促进了地方环保活动的实施和公众参与。

三、案例分析

下文将对人民网、新浪网及环保 NGO 官网三大网站 2015 年对"地球一小时"活动的报道进行详细分析。

（一）主题设计聚焦"能"见蔚蓝

"地球一小时"活动倡导公众、政府、企业等社会各界在每年 3 月最后一个周六的 20：30—21：30，关掉不必要的灯及其他耗电设备，以表达对气候变化的关注。2014 年，"地球一小时"席卷了全球超过 162 个国家和地区、7000 座城市，吸引了数亿名支持者。

2015 年是全球气候谈判大年，所以这一年"地球一小时"的全球主题是"气候变化"。年底在巴黎召开的气候大会将有望达成新的全球气候协议，各国共同努力以实现全球温度升高不超过 2 摄氏度的目标。在中国，为响应全球应对气候变化的主题，在深化 2014 "蓝天自造"主题的基础上，2015 "地球一小时"继续聚焦当前最急迫、最受关注的环境议题——雾霾，发出"能"见蔚蓝的倡议。"能"见蔚蓝代表了世界自然基金会（WWF）的治霾建议和未来期待。"能"，意味着可再生能源能够带来改变；"蔚蓝"代表我们每个人对告别雾霾、寻回蓝天的期待。WWF 相信，大力发展可再生能源是解决严重空气污染和全球气候变化问题的终极方案。①

只要公众将不必要开启的电灯及电器关闭，就可以为地球"降温"的传播理念，吸引全世界的人们积极参与其中。根据零点指标数据网对"地球一小时"在我国民众中知晓度的调查中显示，"地球一小时"在我国民众中的知晓度超过九成（90.9%），并且近六成（59.4%）民众自愿在 2015 年"地球

---

① 朱哲萱. 环保议题的媒介建构——以人民网、新浪网、环保 NGO 官网　对低碳生活议题的报道为例 [D]. 武汉：华中科技大学，2015：44.

一小时"活动中熄灯。①

（二）专题报道加快议题扩散

网络媒体不仅拥有多形式多渠道的传播优势，还具备新闻传播的即时性、互动性及参与性的特点，这些优势在环保议题的建构过程中可以加快议题的扩散速度、提高议题的影响力、扩大议题的覆盖面，使其达到更好的传播效果。在对三大网站进行浏览时发现，世界自然基金会（WWF）作为活动的发起方，除了在官网首页的图片新闻滚动栏中设置了活动宣传图之外，还开设了"2015 地球一小时""能"见蔚蓝官方网站，人民网也对此活动开设了专题频道。接下来笔者将选取这两个活动专题报道进行具体分析。②

1. 版头各具特色，凸显网站个性

2015 年，人民网"地球一小时"专题版头以渐变的蓝色为主基调，同时又以夜空的黑色作映衬，地球表面作底，将"能"见蔚蓝的主题放置在版头正中的位置，加之活动时间和 WWF"能"见蔚蓝官方网站的网址。版头左侧是活动的 Logo，右侧设置了人民网环保的二维码扫码区，手机用户只要登录微信对准二维码进行扫描，便能在微信中识别人民网环保专题的官方账号，并添加关注。人民网会通会微信平台向手机用户推送相关环境信息和国内外环保新闻，同时也可将接收到的信息通过朋友圈进行分享，信息能够实现多级传播。版头下方有四个超链接标题，点击它可以进入人民网环保专题。再往下有一个互动插件的设置：请您做出熄灯承诺，支持"地球一小时"；右侧有一个点击关灯的按钮，通过点击它就表示接受活动邀请，截图显示已有29185 人做出承诺。如图 3-5 所示：③

① 朱哲萱. 环保议题的媒介建构——以人民网、新浪网、环保 NGO 官网 对低碳生活议题的报道为例 [D].武汉：华中科技大学，2015：44.

② 朱哲萱. 环保议题的媒介建构——以人民网、新浪网、环保 NGO 官网 对低碳生活议题的报道为例 [D].武汉：华中科技大学，2015：45.

③ 朱哲萱. 环保议题的媒介建构——以人民网、新浪网、环保 NGO 官网 对低碳生活议题的报道为例 [D].武汉：华中科技大学，2015：45.

图 3-5 人民网"地球一小时"专题版头①

WWF 的"能"见蔚蓝官网以滚屏设计为主，突出趣味性、参与性。进入官网后，首先出现的是图 3-6，整个图片页面以浅蓝色为基调，漫画风格，与下文文字部分形成呼应，通过太阳、风车、树木等传达生态循环的理念，呼吁人们改变生产、生活方式，充分利用风能、太阳能、海洋能等可再生能源，共同创造一片蔚蓝天空。将"点击了解"的链接设置在熊猫的肚子上，链接进入"能"见蔚蓝主题的解读页面。②

图 3-6 WWF "能"见蔚蓝官网版头③

---

① 朱哲萱. 环保议题的媒介建构——以人民网、新浪网、环保 NGO 官网 对低碳生活议题的报道为例 [D].武汉：华中科技大学，2015：45.

② 朱哲萱. 环保议题的媒介建构——以人民网、新浪网、环保 NGO 官网 对低碳生活议题的报道为例 [D].武汉：华中科技大学，2015：46.

③ 朱哲萱. 环保议题的媒介建构——以人民网、新浪网、环保 NGO 官网 对低碳生活议题的报道为例 [D].武汉：华中科技大学，2015：46.

5 秒后，同样以浅蓝色为背景，出现两位环保公众人物：王丽坤、李冰冰。李冰冰是"地球一小时"的全球大使，王丽坤是"地球一小时"中国区的推广大使。在他们的背后是一排风力发电的风车，左侧有一行白色的字：用对能源，才能重见蓝天。突出了可再生能源利用的宣传理念。

在版头设计上，两家媒体都以活动主题为出发点。首先，在版头颜色设计上，人民网以蓝色和黑色为主，体现了其稳重大气的报道风格，WWF 专题则以柔和的浅蓝色和白色为主，体现蓝天白云、可再生能源的环保理念；其次，人民网在版头设置了互动平台，向大家进行活动邀请，版头的所有链接都可通向人民网环保专题。WWF 专题则主打明星牌，将环保公众人物放置在首页显眼位置，利用明星效应吸引受众关注与参与。①

2. 多渠道报道，扩大议题影响力

在专题的内容设置方面，人民网注重图片新闻在页面中的运用，报道多与传统媒体整合，体现了严谨的报道风格。人民网"地球一小时"专题网页主要分为五个版块：图片滚动新闻、各地动态、"地球一小时"、相关新闻和关于我们。在专题首页正中间设置了两屏内容，左侧为对"地球一小时"参与状况的数据统计，对厄尔尼诺现象的风险科普及对活动预告的文字新闻，右侧为报道活动盛况的滚动图片新闻，点开图片则进入新闻页面。当人们不愿点开文字新闻的时候，可通过图片与新闻的链接，吸引受众关注。在"各地动态"栏目里，新闻主要来自《南方日报》《北京日报》《贵阳日报》《新民晚报》等传统媒体对"地球一小时"的报道，体现出人民网与传统媒体的资源整合。②

WWF 专题的内容设置以互动、科普及公益视频宣传为主。在专题的下拉页面，首先出现的是三个参与方式：微信互动、微博话题和点击圆圈按钮注册参与。受众可以通过手机扫二维码的方式参与微信互动，领取新闻活动卡券，与"地球一小时"明星大使及志愿者一起完成蔚蓝接力，参与在线熄灯，

① 朱哲萱. 环保议题的媒介建构——以人民网、新浪网、环保 NGO 官网 对低碳生活议题的报道为例 [D]. 武汉：华中科技大学，2015：47.

② 朱哲萱. 环保议题的媒介建构——以人民网、新浪网、环保 NGO 官网 对低碳生活议题的报道为例 [D]. 武汉：华中科技大学，2015：47.

观看熄灯现场直播。通过点击页面的微博话题链接，进入"地球一小时""能见蔚蓝"参与话题讨论与互动，点击后发现"地球一小时"话题是由"地球一小时"官方微博主持的，截至 2015 年 3 月 29 日上午 10 时，共有 9121.4 万微博用户点击关注此话题，参与互动讨论的用户高达 110.2 万人次，登上了微博热门话题榜。在对"能"见蔚蓝的知识科普上，运用文字、图片、漫画多种形式向受众展示了太阳能、风能、地热及海洋能的使用原理及开发现状。点击活动的宣传资料，内容相当丰富，有"2015 地球一小时"官方全球宣传视频、"能"见蔚蓝明星接力视频、WWF 全球总干事的访谈，同时还提供"地球一小时"的宣传海报、签名横幅、可再生功能源图标及"地球一小时"Logo 的下载，方便人们在线下活动中使用，也方便其他媒体在报道宣传时使用。①

综上，WWF 在专题设置上注重互动性和参与性，因为活动的目的是希望通过宣传引起受众关注，从而达到参与的目的，在这方面，环保 NGO 官网运用多媒体传播形式和媒介资源整合的互动方式扩大了议题的传播效果。②

新浪网虽然没有策划专题报道，但是新浪微博在议题传播和互动时起到了很好的平台作用，同时将"地球一小时"推至热门话题榜，对议题的传播起到了扩散作用。③

（三）议题建构各有特点

1. 重视议题报道，倾听公众声音

近年来，网络媒体加大了对环保新闻的报道力度，各大新闻网站、商业门户网站相继开设了环保频道，如人民网、新浪网、腾讯网、搜狐网等，同时也出现了一批专业化的环保 NGO 网站，如自然之友、世界自然基金会、大自然保护协会等。这些环保频道的开设加大了环保传播的力度，一定程度上保证了环保新闻报道的关注面和广度。从前文的分析中可知，网络媒体借助

---

① 朱哲萱. 环保议题的媒介建构——以人民网、新浪网、环保 NGO 官网　对低碳生活议题的报道为例［D］.武汉：华中科技大学，2015：48.

② 朱哲萱. 环保议题的媒介建构——以人民网、新浪网、环保 NGO 官网　对低碳生活议题的报道为例［D］.武汉：华中科技大学，2015：48.

③ 朱哲萱. 环保议题的媒介建构——以人民网、新浪网、环保 NGO 官网　对低碳生活议题的报道为例［D］.武汉：华中科技大学，2015：48.

其网络传播的平台优势，通过图片、视频、专访、组织活动、专题策划等传播方式对环保议题进行了全方位的报道。人民网、新浪网及环保 NGO 官网在对低碳生活议题进行建构时，重点越来越多地聚焦到公众身上。三大网站在"公众"来源比例的一致性，说明不同性质的网络媒体都比较重视普通民众的声音，传播与大众息息相关的低碳生活新闻，将提高公众环保意识贯穿到日常生活中去，这也是低碳生活议题传播的意义所在。①

2. 建构议题广泛，呈现多样低碳生活

通过前文的分析，三大网站在对低碳生活新闻进行报道时，涉及绿色出行、节能、减排、新能源开发与利用、低碳理念宣传等七类议题，其中包含了与人们生活息息相关的议题，也有经济生产方面的节能减排行动。同时，三大网站涵盖了各类社会主体，如政府、企业、环保组织、公众等的低碳行为，为公众呈现出一个多样的低碳生活。②

3. 积极引导为主，促进低碳理念宣传

报道立场是媒体新闻态度的一种体现，它建构了媒体的报道基调，在受众对新闻事件的判断力上起到引导作用。根据上文的研究发现，三大网站在报道立场上主要以中立和正面为主。通过对低碳环保活动的倡议和呼吁，引导和鼓励受众参与，促进低碳理念的宣传。③

第六节　公益广告

公益广告作为一种重要的传播工具，具有引导社会舆论、提升公众意识、促进社会和谐等功能。近年来，随着环境问题的日益突出，环保公益广告在我国得到了广泛应用并发挥了积极作用。本节将从发展阶段、现状、作用及未来发展趋势四个方面详细探讨我国公益广告在环保传播中的发展情况。

---

① 朱哲萱. 环保议题的媒介建构——以人民网、新浪网、环保 NGO 官网 对低碳生活议题的报道为例 [D]. 武汉：华中科技大学，2015：49.

② 朱哲萱. 环保议题的媒介建构——以人民网、新浪网、环保 NGO 官网 对低碳生活议题的报道为例 [D]. 武汉：华中科技大学，2015：49.

③ 朱哲萱. 环保议题的媒介建构——以人民网、新浪网、环保 NGO 官网 对低碳生活议题的报道为例 [D]. 武汉：华中科技大学，2015：49.

一、公益广告环保传播的发展阶段

公益广告的环保传播经历了以下三个主要发展阶段：初步萌芽阶段、稳步发展阶段和全面繁荣阶段。

（一）初步萌芽阶段（20世纪70—90年代初）

20世纪80年代，我国环保意识和相关制度尚处于起步阶段，开始逐步认识到环境保护的重要性。1976年，贵阳电视台发布的"节约用水"的公益广告是我国环保公益广告的开始，之后在央视的《广而告之》里也播出了很多优秀的环保公益广告。[①]

20世纪80年代我国发布了公益广告《珍惜粮食》，并在1993年推出了环保公益广告《保护母亲河》。这一阶段，环保公益广告数量较少，内容单一，主要以呼吁保护自然资源、减少污染为主。

从1996年开始至今，国家工商管理局每年都会举行"中华好风尚"公益广告的主题活动，并得到了全国各地媒体的积极响应。在此期间，国家组织发布了很多关于防止土地沙漠化、保护动物，节能减排相关的环保公益广告。[②]

（二）稳步发展阶段（20世纪90年代中期—21世纪初）

随着社会经济的发展和环境问题的加剧，20世纪90年代中期至21世纪初，环保公益广告进入了稳步发展阶段。这一时期，政府和社会各界对环保公益广告的重视程度显著提高，广告内容更加多样，传播手段也日益丰富。1996年，中央电视台推出了环保主题的系列公益广告《蓝天绿地》，呼吁公众关注空气污染问题。此外，地方电视台和一些企业也纷纷制作环保公益广告，内容涉及节约能源、垃圾分类、保护野生动物等多个方面。

2008年，北京奥运会举办期间，我国提出了"绿色奥运"的创新性概念，与公益广告相结合作为环保公益广告进行传播。历时一年拍摄和制作的"奥运环保公益广告片"由八篇组成，每篇一个主题，由11位中国奥运冠军

① 张紫星. 以传播学视角分析环保公益广告的有效性［D］.武汉：中南民族大学，2012：13.
② 张紫星. 以传播学视角分析环保公益广告的有效性［D］.武汉：中南民族大学，2012：13.

和教练担纲主角的 8 部奥运环保公益广告片，包括"清洁能源""保护动物多样性""垃圾分类""绿色出行""绿色办公""节约用水""文明观赛""节约能源"，通过奥运与环保主题的结合，倡导绿色奥运的理念，倡导公众关心和保护环境。奥运会期间，该环保公益广告陆续在中央电视台、北京电视台、移动电视网以及奥运场馆中滚动播放。每部广告片虽然仅有 30 秒，但奥运冠军们在"绿色奥运"的旗帜下，用简洁明快并蕴含哲理的语言和具体可行的环保行为，阐述环保、节约、生态、和谐、可持续发展的理念和生活方式，传递了 13 亿中国人爱护环境的共同心声。其他的环保公益广告频频出现在户外、电视广播、杂志和报纸上，这样的环保公益广告在四年一度的奥运盛会上，引起了全球的注意。①

（三）全面繁荣阶段（21 世纪初至今）

进入 21 世纪，随着环保意识的不断提升和媒体技术的飞速发展，环保公益广告进入了全面繁荣阶段。政府、企业和非政府组织积极参与环保公益广告的制作和传播，广告内容更加丰富多样，传播渠道也更加广泛，很多优秀的环保公益广告应运而生，如"绿色出行""节能减排"等主题广告，深入人心，取得了显著的传播效果。

首先，政府在环保公益广告中扮演了重要角色。各级政府部门通过电视、广播、报纸以及新兴的社交媒体等多种渠道，积极推广环保理念和政策。例如，中央电视台推出的"绿色中国"系列广告，呼吁公众关注生态保护和绿色生活，这些广告通过权威媒体平台广泛传播，取得了显著的社会影响力。此外，地方政府也根据当地的实际情况，制作了许多具有地方特色的环保公益广告，旨在提高当地居民的环保意识，推动地方环保政策的实施。

其次，企业在环保公益广告中的参与也日益积极。许多大型企业通过与媒体合作，制作并发布了一系列高质量的环保公益广告。例如，汽车制造商推广的"绿色出行"广告，鼓励公众选择公共交通、自行车等低碳出行方式，以减少碳排放。电力公司则通过广告宣传"节能减排"，倡导节约用电、使用节能产品。这些广告不仅提升了企业的社会责任形象，还在潜移默化中引导

---

① 张紫星. 以传播学视角分析环保公益广告的有效性 [D].武汉：中南民族大学，2012：13.

了公众的环保行为，起到了良好的示范效应。

最后，非政府组织（NGO）也在环保公益广告中发挥了重要作用。许多环保NGO通过募资和合作，制作了一系列具有深刻社会意义的环保公益广告。例如，绿色和平组织制作的"保护海洋"广告，通过生动的影像和感人的故事，呼吁公众关注海洋污染问题。世界自然基金会（WWF）则推出了"拯救濒危物种"系列广告，呼吁公众保护野生动物及其栖息地。这些广告通过网络、社交媒体和户外广告等多种渠道传播，获得了广泛的关注和支持。

总体来说，进入21世纪以来，环保公益广告在内容、形式上都取得了显著的进步。政府、企业和非政府组织的积极参与，使环保公益广告不仅在提升公众环保意识方面发挥了重要作用，还推动了社会各界对环保问题的广泛关注和实际行动。未来，随着环保意识的进一步提升和媒体技术的不断创新，环保公益广告必将在环保传播中发挥更加重要的作用，为建设绿色、可持续的生态环境贡献力量。

二、公益广告环保传播的现状

目前，公益广告在环保传播中取得了显著成效，主要表现在以下几个方面：

（一）政策支持力度加大

政府对环保公益广告的重视程度不断提高，出台了一系列政策措施，鼓励和支持环保公益广告的制作和传播。例如，2015年，中共中央、国务院发布的《生态文明体制改革总体方案》①明确指出："加强舆论引导。面向国内外，加大生态文明建设和体制改革宣传力度，统筹安排、正确解读生态文明各项制度的内涵和改革方向，培育普及生态文化，提高生态文明意识，倡导绿色生活方式，形成崇尚生态文明、推进生态文明建设和体制改革的良好氛围。"② 要提升全民环保意识，加强环保公益广告宣传是一个非常好的途径。

---

① 中共中央 国务院印发《生态文明体制改革总体方案》［EB/OL］．（2015-09-21）．http：//www.xinhuanet.com/politics/2015-09/21/c_1116632159.htm.

② 中共中央 国务院印发《生态文明体制改革总体方案》［EB/OL］．（2015-09-21）．http：//www.xinhuanet.com/politics/2015-09/21/c_11166321594.htm.

（二）传播内容丰富多样

环保公益广告的内容从最初的呼吁保护自然资源、减少污染，逐渐扩展到节能减排、垃圾分类、绿色消费等多个方面，形成内容丰富、形式多样的传播格局。例如，中央电视台推出的"低碳生活"系列公益广告，通过生动有趣的动画形式，向公众普及低碳生活的理念和方法。这些广告以简明易懂的语言和形象化的表现手法，展示了日常生活中可以采取的低碳行动，如使用节能灯泡、选择公共交通、减少一次性塑料制品的使用等，不仅增强了广告的趣味性，还提高了公众的接受度和参与度。

此外，环保公益广告还涵盖了更多具体的环保活动和主题。例如，"节能减排"系列广告通过对比数据和图像，直观地展示了节能措施对环境保护的重要性，并呼吁公众从自身做起，减少能源浪费。垃圾分类主题的广告则通过详细介绍如何正确分类垃圾，帮助公众掌握垃圾分类的基本知识和技巧，同时鼓励他们参与到垃圾分类的行动中来。绿色消费主题的广告则提倡消费者选择环保产品，减少资源浪费，推动可持续消费模式的形成。

不仅如此，一些环保公益广告还关注到特定人群和领域，例如针对儿童和青少年的环保教育广告，通过卡通形象和互动游戏等形式，寓教于乐地向年轻一代传递环保理念。针对企业和社区的环保管理广告，通过宣传环保法规和最佳实践案例，促进各界共同参与环保活动。随着环保问题的日益复杂和多样，环保公益广告的内容也在不断丰富和细化，覆盖了从个人到社会各个层面的环保活动和理念。

（三）传播渠道多元化

随着媒体技术的发展，环保公益广告的传播渠道不断拓宽，除了传统的电视、广播、报纸等媒体外，互联网和新媒体平台也成为重要的传播渠道。例如，微博、微信等社交媒体平台上涌现出大量环保公益广告，吸引了大量网民的关注和参与。此外，一些网络视频平台也纷纷推出环保公益广告，通过短视频、微电影等形式，增强了环保传播的效果。

除了传统的图文和视频广告外，一些环保公益广告还采用了 VR（虚拟现实）和 AR（增强现实）等新技术，增强了广告的沉浸感和互动性。例如，一些城市的环保宣传活动中，通过 AR 技术让公众"亲身"体验到环境污染的后果，从而更加深刻地理解环保的重要性。这种新颖的广告形式不仅吸引了大量公众的关注，还极大地提升了环保宣传的效果。

（四）社会参与广泛

环保公益广告不仅得到了政府的支持，企业和非政府组织也积极参与其中。例如，阿里巴巴、腾讯等大型互联网企业纷纷推出环保公益广告，通过自身平台的影响力，向公众传递环保理念。这些企业利用其广泛的用户基础和强大的技术支持，制作了许多创新的环保公益广告。例如，阿里巴巴通过其电商平台推广"绿色购物"理念，鼓励消费者购买环保产品，并通过积分奖励机制，激励用户践行绿色生活方式。腾讯则利用其社交平台和游戏应用，推出环保主题的活动和广告，通过互动游戏和社交传播，吸引用户关注和参与环保活动。

一些环保组织和公益基金会也积极参与环保公益广告的制作和传播，形成了多方合作、共同推动环保传播的良好局面。例如，中华环境保护基金会联合多家企业和媒体，推出了"绿色未来"系列广告，通过多种媒体渠道广泛传播，呼吁公众关注和参与环保活动。绿色和平组织则与知名艺术家和设计师合作，制作了一系列具有创意和视觉冲击力的环保广告，通过展览和网络传播，吸引了大量公众的关注和讨论。

这种广泛的社会参与不仅提升了环保公益广告的影响力，也促进了环保理念的深入人心。各界力量的积极参与，使环保公益广告不仅仅是信息的传递，更成为一种社会共识的构建和行动的号召。通过政府、企业、非政府组织和公众的共同努力，环保公益广告在传播环保理念、推动环保活动方面发挥了重要作用，为建设更加绿色和可持续的社会环境贡献了力量。

三、经典公益广告案例

（一）广告名称：《请君注意　节约用水》

1986 年，由贵阳广播电视台创作播出的电视公益广告《请君注意　节约用水》是新中国第一个电视公益广告，具有珍贵的史料价值，并获全国广告评比一等奖，被我国电视界称为我国公益广告的"第一枝报春花"。①

主创者刘仁智说："1986年是贵阳市干旱之年，当时水资源很匮乏，很多人的生活用水都受到了影响，但还有人浪费水资源。在这样的情况下，贵阳市政府提倡节约用水，贵阳电视台当时为了提高大家节约用水的意识，认为应该要拍一个节约用水的公益广告。"他告诉记者，大家喝水、洗衣、洗澡等都离不开水，怎样有效地提醒市民发自内心地节约用水，拍摄出来更打动观众，意识到节约用水的重要性，是他当时深思的问题，所以从这些方面考虑，设计了这条广告。制作完成后，在电视黄金时段播出，播出后受到广泛关注。但是他也没有想到，这条公益广告是新中国成立以来第一条电视公益广告。刘仁智说："这是本人和团队的荣誉，更是贵阳广播电视台的骄傲。这条公益广告给大家留下了深刻印象，希望今后大家高度重视公益广告，多做公益广告，为社会发展贡献贵阳广播电视台的力量。"②

（二）广告名称：《保护母亲河》

播出时间与平台：1999年，中央电视台等多家电视台播出。

广告内容：该广告以大自然美景为背景，展示了清澈的河流和生机勃勃的自然生态，配以感人的旁白和音乐，呼吁公众珍惜和保护母亲河，减少水污染。

广告策划：由国家广播电视总局及其下属单位联合策划制作，吸引了许多知名导演和艺术家参与。

广告效果分析：该广告通过深情的画面和感人的音乐，成功唤起了公众对河流保护的关注和认同，成为我国公益广告的经典之作。广告播出后，引发了广泛的社会反响，促进了公众对水资源保护的重视，对环保意识的提升

---

① 知知贵阳. 新中国第一个电视公益广告，贵阳台当年如何制作的？ [EB/OL]. （2023-04-13）. 17：39https：//mp. weixin. qq. com/s？_biz=MjM5NzE3Njc5Mw==&mid=2654979692&idx=1&sn=a1e33adf72d70061f3f87f9a01921c53&chksm=bd1692da8a611bcc4b75b41397e82e6bb8570de672f225d7078e2d90fd9385009f94e870874d&scene=27.

② 知知贵阳. 新中国第一个电视公益广告，贵阳台当年如何制作的？ [EB/OL]. （2023-04-13）. 17：39https：//mp. weixin. qq. com/s？_biz=MjM5NzE3Njc5Mw==&mid=2654979692&idx=1&sn=a1e33adf72d70061f3f87f9a01921c53&chksm=bd1692da8a611bcc4b75b41397e82e6bb8570de672f225d7078e2d90fd9385009f94e870874d&scene=27.

起到了积极作用。

（三）广告名称：《绿色出行》系列

播出时间与平台：2015 年起，各电视台及网络视频平台广泛播出。

广告内容：该系列广告通过展示公共交通、骑行和步行等低碳出行方式的优点，教育公众选择环保出行方式，减少碳排放。

广告策划：由国家生态环境部门及多家互联网企业共同策划制作，结合了公益性和商业性。

广告效果分析：该系列广告通过具体的环保活动案例和生动的形象表达，成功向公众传递了绿色出行的理念和实践方法。广告在网络传播中尤为突出，通过社交媒体的传播效应，进一步扩大了其影响力，激励了更多人选择环保出行方式，促进了空气质量的提升。

以上三个经典的公益广告实例展示了在不同时期和环境背景下，公益广告如何通过具体的主题和精彩的创意，成功引导公众关注环保议题，提升环保意识，推动社会进步。随着社会发展和媒体技术的进步，未来公益广告在环保传播中将继续发挥重要作用，通过科技赋能、多媒体融合和社会化传播，为实现可持续发展目标作出更大贡献。

第四章　环保传播的机构与组织

第一节　政府部门

一、中华人民共和国生态环境部

中华人民共和国生态环境部是国务院组成部门之一，负责制定和实施国家生态环境保护政策、法律法规和标准，统筹协调生态环境保护工作。其前身是环境保护部，2018 年国务院机构改革后更名为生态环境部，职能得到进一步扩展和强化。生态环境部在国家治理体系中扮演着核心角色，主要职责包括政策制定与实施、监督管理、环境治理和国际合作等。

生态环境部内设机构包括：综合司、自然生态保护司（生物多样性保护办公室、国家生物安全管理办公室）、土壤生态环境司、固体废物与化学品司、核设施安全监管司、核电安全监管司、生态环境监测司等。[1]

二、中华人民共和国自然资源部

为统一行使全民所有自然资源资产所有者职责，统一行使所有国土空间用途管制和生态保护修复职责，着力解决自然资源所有者不到位、空间规划重叠等问题，实现山水林田湖草整体保护、系统修复、综合治理，方案提出，将自然资源部的职责，国家发展和改革委员会的组织编制主体功能区规划职责，住房和城乡建设部的城乡规划管理职责，水利部的水资源调查和确权登

---

[1]　https：//www.mee.gov.cn/zjhb/zyzz.

记管理职责，农业农村部的草原资源调查和确权登记管理职责，国家林业和草原局的森林、湿地等资源调查和确权登记管理职责，国家海洋局的职责等职责整合，组建自然资源部，作为国务院组成部门。①

2018 年 3 月，中华人民共和国第十三届全国人民代表大会第一次会议表决通过了关于国务院机构改革方案的决定，批准成立中华人民共和国自然资源部。② 2018 年 4 月 10 日，中华人民共和国自然资源部在北京正式挂牌。③

自然资源部是国务院组成部门之一，负责管理国家自然资源，实施国土空间规划，保护生态环境等。其主要职责包括自然资源管理、国土空间规划、生态保护修复和海洋资源管理等。

自然资源部的机构设置涵盖多个职能部门和直属单位，主要包括自然资源确权登记局、国土空间规划局、生态修复司、海洋战略规划与经济司和测绘地理信息管理司等。

三、国家林业和草原局

为加大生态系统保护力度，统筹森林、草原、湿地监督管理，加快建立以国家公园为主体的自然保护地体系，保障国家生态安全，国务院机构改革方案提出，将国家林业和草原局的职责，农业农村部的草原监督管理职责，以及自然资源部、住房和城乡建设部、水利部、农业农村部、国家海洋局等部门的自然保护区、风景名胜区、自然遗产、地质公园等管理职责整合，组建国家林业和草原局，由自然资源部管理。国家林业和草原局加挂国家公园管理局牌子。④

---

① https：//baike. baidu. com/item/%E4%B8%AD%E5%8D%8E%E4%BA%BA%E6%B0%91%E5%85%B1%E5%92%8C%E5%9B%BD%E8%87%AA%E7%84%B6%E8%B5%84%E6%BA%90%E9%83%A8/22428849? fr=ge_ ala.

② https：//baike. baidu. com/item/%E4%B8%AD%E5%8D%8E%E4%BA%BA%E6%B0%91%E5%85%B1%E5%92%8C%E5%9B%BD%E8%87%AA%E7%84%B6%E8%B5%84%E6%BA%90%E9%83%A8/22428849? fr=ge_ ala.

③ https：//baike. baidu. com/item/%E4%B8%AD%E5%8D%8E%E4%BA%BA%E6%B0%91%E5%85%B1%E5%92%8C%E5%9B%BD%E8%87%AA%E7%84%B6%E8%B5%84%E6%BA%90%E9%83%A8/22428849? fr=ge_ ala.

④ https：//baike. baidu. com/item/%E5%9B%BD%E5%AE%B6%E6%9E%97%E4%B8%9A%E5%92%8C%E8%8D%89%E5%8E%9F%E5%B1%80/22428896? fr=ge_ ala.

2018 年 3 月，十三届全国人大一次会议表决通过了关于国务院机构改革方案的决定，组建国家林业和草原局，不再保留国家林业局。2018 年 4 月 10 日，国家林业和草原局揭牌。①

国家林业和草原局的主要职责包括监督管理生态保护修复、组织生态保护修复与绿化、荒漠化防治和陆生野生动植物保护等。

国家林业和草原局的主要机构设置包括生态保护修复司、森林资源管理司、草原管理司、荒漠化防治司和野生动植物保护司等。

第二节 非政府组织（NGO）

一、中华环境保护基金会

（一）基本情况

中华环境保护基金会成立于 1993 年 4 月，是民政部注册、生态环境部领导的从事环境保护公益事业的全国性 5A 级公募基金会。1992 年 6 月，在巴西里约热内卢召开的联合国环境与发展大会上，首任国家环境保护局局长曲格平教授获得联合国环境大奖后将 10 万美元奖金全部捐出，以此为基础成立了中华环境保护基金会。②

基金会自成立以来，始终秉承"广泛募集、取之于民、用之于民、保护环境、造福人类"的宗旨，致力于为社会各界搭建绿色、开放、共享的生态环境保护公益平台，在资金、项目、信息、技术四个方面，为政府、企业和社区间的合作交流创造条件，凝聚各方力量保护生态环境，助力生态文明建设，建设美丽中国。在环境教育与宣传、环境法治培训和公益诉讼、生态环境评估监测、水环境保护与社区学校清洁饮水、野生物种与栖息地保护、森林草原湿地海洋保护、植树植草生态恢复与生态扶贫、灾后生态环境保护与

---

① https：//baike. baidu. com/item/%E5%9B%BD%E5%AE%B6%E6%9E%97%E4%B8%9A%E5%92%8C%E8%8D%89%E5%8E%9F%E5%B1%80/22428896？ fr=ge_ ala.

② http：//www.cepf.org.cn/gywm/jjhjs/.

恢复、绿色交通绿色出行、生产者责任制度延伸制度、绿色能源和清洁电池利用与回收、绿色包装和绿色物流、绿色低碳生活、碳汇林等基于自然的解决方案等减污降碳领域开展了形式多样、内涵丰富的数百个环保公益项目和活动，取得了显著的环境改善和社会效益，有关项目和个人多次获得中华慈善奖等各类奖项，具有良好的社会公信力、创新力和影响力。①

作为慈善法颁布后批准的全国首批公益慈善组织，基金会连续被评为国家级"5A"社会组织，多次获民政部"全国先进社会组织"、生态环境部"先进集体"和"先进基层党组织"等荣誉。先后获得联合国经社理事会"专门咨商地位"和联合国环境规划署（UNEP）咨商地位，是世界自然保护联盟（IUCN）会员，连续多年入选美国宾夕法尼亚大学全球智库评估"全球环境智库百强榜"。②

（二）机构设置及主要职责

中华环境保护基金会办事机构经生态环境部批复，设立了办公室/人事保卫处、基金管理部、项目管理部、宣传联络部、表彰工作部、项目开发部等8个内设机构，③ 中华环境保护基金会的组织架构如图4-1所示：

（三）中华环境保护基金会在环保传播中的作用

中华环境保护基金会（China Environmental Protection foundation，CEPF）是我国第一家国家级非营利环保组织。其在环保传播中的地位和作用主要体现在以下几个方面：

1. 政策倡导与公众教育

CEPF通过与政府、企业和公众的合作，推动环境保护政策的制定和实施。例如，基金会参与了多项国家级环保政策的研究和倡导，为政策制定提供了科学依据和民意支持。同时，CEPF通过举办各种公众教育活动，如"绿色出行""绿色消费"等主题宣传活动，普及环保知识，提高公众环保意识。

---

① http：//www. cepf. org. cn/gywm/jjhjs/.
② http：//www. cepf. org. cn/gywm/jjhjs/.
③ http：//www. cepf. org. cn/gywm/jjhjs_ 35361/.

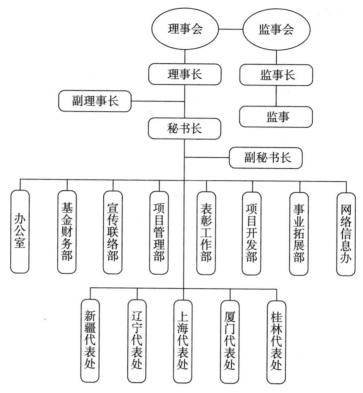

图4-1 中华环境保护基金会的组织架构图①

2. 环保项目与资金支持

CEPF 在全国范围内组织实施了一系列具有广泛影响力的环保项目，如
"清洁水源行动""蓝天保卫战"等。这些项目不仅直接提高了当地的环境质
量，还通过实际案例向公众展示了环保措施的有效性和必要性。此外，基金
会还积极募集和管理环保资金，通过资助各类环保项目，推动环境保护工作
的深入开展。

3. 国际合作与经验交流

CEPF 积极参与国际环保合作，与联合国环境规划署（UNEP）、国际自
然保护联盟（IUCN）等国际组织建立了紧密的合作关系。通过参与国际环保
会议和项目，CEPF 分享中国的环保经验，学习借鉴国际先进做法，提升中国

---

① http：//www.cepf.org.cn/gywm/jjhjs_ 35361.

在国际环保领域的影响力。同时，基金会还通过引进国际资金和技术，推动国内环保项目的实施。

4. 媒体合作与传播创新

CEPF 充分利用传统媒体和新媒体平台，创新环保传播手段，提高传播效果。例如，通过与中央电视台、人民日报等主流媒体合作，制作并播出环保专题节目和公益广告，广泛传播环保理念。同时，基金会还利用微信公众号、微博等新媒体平台，发布环保信息，开展线上线下互动活动，吸引更多公众参与环保活动。

5. 社会动员与社区参与

CEPF 通过组织各类环保志愿者活动，动员社会各界参与环保活动。例如，"绿色校园行动"鼓励学生参与校园环保建设，"绿色家庭行动"倡导家庭环保生活方式。

6. 表彰奖励与激励机制

CEPF 设立了"中华环境奖"，表彰在环境保护领域做出突出贡献的个人和组织。通过表彰和奖励机制，基金会不仅激励了更多人投身环保事业，还树立了环保典型，发挥了示范引领作用。此外，基金会还通过评选和推广优秀环保案例，向公众展示环保工作的成效和意义，增强了公众参与环保的信心和热情。

中华环境保护基金会在我国环保传播中发挥了重要的桥梁和纽带作用。通过政策倡导、资金支持、国际合作、媒体传播、社会动员和表彰奖励等多种手段，CEPF 不仅推动了环保政策的实施和环保项目的开展，还有效提升了公众的环保意识，动员了全社会参与环保活动。

二、自然之友

自然之友成立于 1994 年，是中国成立最早的环保社会组织之一，目前，全国志愿者数量累计超过 3 万人，月度捐赠人超过 5000 人。一直以来，自然之友通过环境教育、生态社区、公众参与、法律行动以及政策倡导等方式，运用一系列创新工作手法和动员方法，重建人与自然的联结，守护珍贵的生态环境，推动越来越多绿色公民的出现与成长。①

愿景：在人与自然和谐的社会中，每个人都能分享安全的资源和美好的环境。②

使命：建设公众参与环境保护的平台，让环境保护的意识深入人心并转化成自觉的行动。③

核心价值观：与大自然为友，尊重自然万物的生命权利；真心实意，身体力行。④

自然之友自1994年成立以来，全国累计已超过2万人的会员群体，通过环境教育、家庭节能、生态社区、法律维权以及政策倡导等方式，重建人与自然的连接，守护珍贵的生态环境，推动越来越多绿色公民的出现与成长。每一个自然之友会员都相信：真心实意，身体力行，必能带来环境的改善。⑤

自然之友在北京有3个工作实体，在全国分布着22个会员小组，并依托具体业务推动建立了多个跨机构的行动平台。

自然之友通过一系列环保活动，有力地推动了我国环保传播的发展。例如：

倡导重金属污染法律：通过开展实地调研、网络学习交流，提高NGO在重金属污染领域的法律倡导能力，推动重金属污染问题的解决。

推动大气污染源信息全面公开：2013年起，通过递交申请书、信函、会谈等方式先后推动京津冀及全国大气污染源信息全面公开。2014年，重点推动大气污染源监督性监测信息及排污企业信息全面公开。⑥ 2014年9月起，自然之友联合达尔问环境研究所，以发动公众广泛参与、科学地探讨环境问题为主线，开展"蓝天实验室"与"清河调研"的探索与尝试。蓝天实验室是一个面向公众免费开放的检测大气污染和开发应对雾霾方法的创新行动方

---

① https：//www.fon.org.cn/.

② https：//www.fon.org.cn/.

③ https：//www.fon.org.cn/.

④ https：//www.fon.org.cn/.

⑤ https：//baike.baidu.com/item/%E8%87%AA%E7%84%B6%E4%B9%8B%E5%8F%8B/1674275？fr=ge_ala.

⑥ https：//baike.baidu.com/item/%E8%87%AA%E7%84%B6%E4%B9%8B%E5%8F%8B/1674275？fr=ge_ala.

式。口号是"科学地与雾霾相处",通过实体实验室与公众参与行动的结合,对空气质量和人体健康防护方式进行有针对性的研究和发布,帮助公众把"遥远的数值"转化为生活的点滴行动,推动空气污染问题的长期解决,寻找减轻雾霾的公众参与方式。蓝天实验室已开展"出行方式选择与 PM2.5"测试、带着空气检测器回家过春节、自制空气净化器讲师培养、空气与健康公众讲座、家中植物滞尘实验等活动。

推动城市垃圾减量:"垃圾围城"已成为环境议题中紧急且重要的挑战之一。突围垃圾问题,离不开公众的积极参与和政府的垃圾管理规划。自然之友致力于推动以"减量"为本的生活垃圾管理体系建设,通过公众教育、试点创建与调查研究,探索垃圾干湿分类、循环利用等前端减量方式及与其相适应的后端处理模式,推动有利于垃圾问题解决的垃圾管理政策的制定和支持性机构的发展。

宣传居家节能:自然之友联合各地志愿者,在北京、南京、上海、厦门、河南开展居民家庭用电情况调查及阶梯电价政策调研,以社区学习工作坊等形式传播居家节能的知识及做法。每年小暑至大暑,都有众多志愿者参与"我为城市量体温"活动,倡导并监督夏季公共场所空调温度不低于 26 度,为城市公共建筑寻找节能空间,同时通过个体的参与反思人们的生活方式。

推广环境教育机构:2014 年,由自然之友与志愿者共同发起的专业环境教育机构——自然之友·盖娅自然学校正式宣告成立。[1] 盖娅自然学校以"环境教育"团队为基础,通过课程、师资、基地三部分的持续探索与实践,推动更有效的体验式环境教育和亲子环境教育,拓展自然之友在环境教育领域的专业性、引领性与影响力,培育更多未来的绿色公民。

第三节　国际环保组织驻华分支

国际环保组织在我国设立分支机构,为推动我国的环境保护事业和提升公众的环保意识作出了贡献。这些组织通过项目合作、政策建议、公众教育

---

[1]　https://www.fon.org.cn/about/community/1.

等方式，为我国的环境治理和可持续发展提供了有效的建议。

一、世界自然基金会（WWF）中国

世界自然基金会（WWF）是在全球享有盛誉的、最大的独立性非政府环境保护组织。1961 年成立，总部位于瑞士格朗。在全世界超过 100 个国家和地区设立办公室、拥有 5000 名全职员工，并有超过 500 万名志愿者。自成立至今 60 余年以来，投资超过 13000 个项目，涉及资金约有 100 亿美元。①

WWF 在中国的工作始于 1980 年的大熊猫及其栖息地的保护，是第一个受中国政府邀请来华开展保护工作的国际非政府组织。1996 年，WWF 正式成立北京办事处。此后陆续在全国建立了 8 个项目组。WWF 致力于保护世界生物多样性及生物的生存环境，所有的努力都是在减少人类对这些生物及其生存环境的影响。②

WWF 每时每刻都有近 1300 个项目在运转。这些项目大多数是基于当地问题。项目范围从赞比亚学校里的花园到印刷在您当地超市物品包装上的倡议，从猩猩栖息地的修复到大熊猫保护地的建立。③

WWF 在我国的项目领域也由最初的大熊猫保护扩大到物种保护、淡水和海洋生态系统保护与可持续利用、森林保护与可持续经营、可持续发展教育、气候变化与能源、野生动物贸易、科学发展与国际政策等领域。WWF 在我国主要组织参与的项目包括以下方面：

生物多样性保护：WWF 在中国在四川省开展的大熊猫栖息地保护项目，通过科学研究、社区参与和政策倡导，成功扩大了大熊猫栖息地，减少了栖息地碎片化问题。保护了大熊猫这一旗舰物种及其栖息地，提升了公众对生物多样性保护的认识，并为其他濒危物种的保护提供了范例。

气候变化应对：WWF 在中国的"低碳城市"项目，通过技术支持和政策

---

① https：//baike. baidu. com/item/%E4%B8%96%E7%95%8C%E8%87%AA%E7%84%B6%E5%9F%BA%E9%87%91%E4%BC%9A/5315793？fr=ge_ ala.

② https：//baike. baidu. com/item/%E4%B8%96%E7%95%8C%E8%87%AA%E7%84%B6%E5%9F%BA%E9%87%91%E4%BC%9A/5315793？fr=ge_ ala.

③ https：//baike. baidu. com/item/%E4%B8%96%E7%95%8C%E8%87%AA%E7%84%B6%E5%9F%BA%E9%87%91%E4%BC%9A/5315793？fr=ge_ al.

建议，帮助多个城市制定和实施低碳发展规划。推动了中国城市的低碳发展，减少了温室气体排放，促进了可持续城市建设。

环境教育与公众参与：每年举办的"地球一小时"活动，鼓励全球公众熄灯一小时，以此呼吁节能减排和环保意识。公众通过广泛参与，提升了环保意识，促进了公众在日常生活中的环保行动。

WWF 在推动中国生物多样性保护、气候变化应对和公众环保意识提升方面取得了显著成效，促进了政府、企业和公众的广泛参与和合作。

二、绿色和平（Greenpeace）中国

绿色和平（Greenpeace）组织是一个全球性的环保组织，成立于 1971 年，总部设在荷兰阿姆斯特丹。其中国分支成立于 1997 年，总部设在北京，并在香港设有办事处。[1]

绿色和平中国主要组织参与的项目包括：

污染防治：绿色和平中国对京津冀地区的空气污染问题进行了长期研究，并发布了多份关于雾霾成因及对策的报告。推动了政府对雾霾治理的重视，促进了相关政策的出台和实施。

可持续农业：在多个省份推广有机农业项目，减少化肥和农药的使用，提高农产品质量。促进了农业的可持续发展，减少了农业对环境的负面影响。"绿色和平"支持生态农业及有机农业的发展，与农民及消费者一起推动农业朝健康的、可持续的方向发展。"绿色和平"关注转基因食品及农药对消费者健康的风险。"绿色和平"相信消费者的选择是推动可持续农业必不可少的力量。在"绿色和平"的努力下，已有五十多个著名品牌承诺在中国不使用转基因食品。[2]

海洋保护：绿色和平中国在渤海湾开展的海洋生态保护项目，通过科学

① https：//baike. baidu. com/item/%E5%9B%BD%E9%99%85%E7%BB%BF%E8%89%B2%E5%92%8C%E5%B9%B3%E7%BB%84%E7%BB%87%EF%BC%88%E4%B8%AD%E5%9B%BD%EF%BC%89/3858915？fr=aladdin.

② https：//baike. baidu. com/item/%E5%9B%BD%E9%99%85%E7%BB%BF%E8%89%B2%E5%92%8C%E5%B9%B3%E7%BB%84%E7%BB%87%EF%BC%88%E4%B8%AD%E5%9B%BD%EF%BC%89/3858915？fr=aladdin.

调查和公众倡导，保护海洋生物多样性。提高了公众对海洋保护的认识，推动了政府在海洋保护方面的政策改进。

电子废物项目：进口电子废物所带来的跨境污染已成为中国等发展中国家的严峻问题。"绿色和平"在国内积极开展电子废物项目，从科研、社区及消费者教育、政策倡议、市场等方面致力于寻找建设性的解决方案，消减电子废物的跨境传播和污染。

气候和可再生能源项目：发展可再生能源，减少二氧化碳排放，减少对环境的污染，已成为中国乃至全世界可持续发展的重要课题。"绿色和平"积极推动中国的可再生能源发展；协助广东沿海地区大力发展风力发电；与科研单位合作，共同研究和记录气候变迁给中国的环境和人民带来的影响，并通过社区教育和大众媒体，提高公众对气候变迁的意识和关注。①

绿色和平中国通过一系列创新性、挑战性的环保活动，推动了政府和企业在污染防治和可持续发展方面的实践。绿色和平在气候变化、能源政策、海洋保护、农业和有毒物质管理等领域积极倡导，并提出了具体的政策建议。例如，绿色和平与多家企业合作，推动企业采用更环保的生产技术和管理方式，减少环境污染。

绿色和平中国注重通过教育和宣传提升公众的环保意识和参与度。通过开展环保教育项目、发布环境报告、组织公众活动等方式，让更多的人了解环境问题的严重性及其对生活的影响。例如，绿色和平曾在全国范围内开展"无毒家园"项目，呼吁公众减少使用含有有毒化学物质的产品，倡导健康和环保的生活方式。通过这些努力，绿色和平不仅提高了公众的环保意识，还促进了公众的环保活动。

绿色和平中国还通过科学研究和数据分析，为环境保护提供坚实的基础。绿色和平拥有一支专业的科学研究团队，致力于环境监测和数据分析，为环保活动提供科学依据。绿色和平发布的环境报告和研究成果，不仅为公众了解环境问题提供了重要信息，也为政府和企业的环保决策提供科学支持。

---

① https：//baike. baidu. com/item/%E5%9B%BD%E9%99%85%E7%BB%BF%E8%89%B2%E5%92%8C%E5%B9%B3%E7%BB%84%E7%BB%87%EF%BC%88%E4%B8%AD%E5%9B%BD%EF%BC%89/3858915？ fr＝aladdin.

三、自然资源保护协会（NRDC）中国

自然资源保护协会（NRDC）是一家国际公益环保组织，成立于1970年。NRDC拥有700多名员工，以科学、法律、政策方面的专家为主力。NRDC自20世纪90年代中期在中国开展环保工作，中国项目现有成员40多名。NRDC在北京市注册并设立北京代表处，主管部门为国家林业和草原局。其工作领域主要包括自然资源保护、气候变化与能源、环境治理、可持续发展等方面。[①]

NRDC中国通过开展政策研究、介绍和展示最佳实践、提供专业支持等方式，积极促进中国的绿色发展、循环发展和低碳发展。以下是NRDC中国在我国主要组织参与的一些项目和具体成果：

（一）能源与气候变化

NRDC中国在能源与气候变化领域的工作尤为突出。其中，"清洁空气行动"是其重要项目之一。通过深入的政策研究和技术支持，NRDC帮助多个城市制订和实施空气质量提高计划，取得了显著成效。例如，北京市的PM2.5浓度在过去几年中显著下降，这与NRDC及其合作伙伴的努力密不可分。NRDC通过引进国际先进的空气质量管理经验和技术，帮助中国城市改进空气污染控制措施，从而减少温室气体排放，提高空气质量，促进公众健康。

NRDC还积极参与气候政策的制定和实施，支持中国在国际气候谈判中的积极角色。通过与政府部门、研究机构和非政府组织的合作，NRDC推动了气候变化应对政策的完善和落实，帮助中国实现气候目标，推动全球气候治理进程。

（二）城市可持续发展

NRDC中国在城市可持续发展领域也取得了显著成绩。在北京和上海等大城市，NRDC推广绿色建筑和节能项目，减少城市能源消耗。通过引进国

[①] http：//www.nrdc.cn/.

际先进的绿色建筑标准和技术，NRDC 帮助中国城市在建筑设计、施工和运营方面实现节能减排目标。例如，NRDC 推动了 LEED（Leadership in Energy and Environmental Design）绿色建筑认证体系在中国的推广应用，大大提高了建筑能效。

NRDC 还积极推动城市交通系统的可持续发展。通过倡导公共交通优先、推广电动汽车和非机动车出行等措施，NRDC 帮助城市减少交通领域的能源消耗和碳排放，改善城市空气质量。

（三）自然资源保护

NRDC 在自然资源保护方面的工作也颇具成效。NRDC 致力于保护中国的生物多样性和生态系统，通过政策研究、公众教育和社区参与等方式，推动自然资源的可持续管理。NRDC 的工作涉及森林保护、水资源管理、湿地恢复等多个方面。例如，NRDC 在云南、西藏等地开展的生物多样性保护项目，有效保护了当地的珍稀动植物资源，促进了生态系统的恢复和可持续发展。

（四）环境教育与公众参与

NRDC 高度重视环境教育和公众参与，通过多种形式的宣传和教育活动，提高公众的环保意识和参与度。NRDC 组织的环保讲座、培训班和宣传活动，覆盖了广泛的社会群体，包括政府官员、企业管理者、社区居民和学生等。通过这些活动，NRDC 不仅传播了环保知识，还激发了公众的环保热情，推动了全社会的环保活动。

（五）科学研究与技术支持

NRDC 拥有一支强大的科学研究团队，致力于环境监测和数据分析，为环境保护提供科学依据。NRDC 的研究成果不仅为政府和企业的环保决策提供了重要参考，也为公众了解环境问题提供了权威信息。NRDC 通过引进和推广先进的环保技术，帮助中国提高环保技术水平，推动环境保护事业的发展。

第五章 环保传播对实现绿色
低碳目标的作用

绿色低碳目标的实现不仅需要技术的革新和政策的推动,还需要公众的广泛参与与支持。在此过程中,环保传播作为连接政府、企业和公众的重要纽带,扮演着关键角色。本章将探讨我国环保传播在实现绿色低碳目标中的作用,通过理论分析和实例论证,展示环保传播如何有效推动绿色低碳目标的实现。

第一节 宣传环保政策 促进政策实施

一、环保传播促进环保政策的宣传实施

环保传播在政策宣传中起到了至关重要的作用。政府通过多种媒体平台,详细解读绿色低碳政策,介绍政策的背景、目标及实施措施。

首先,政府利用传统媒体如报纸、广播和电视,对政策进行广泛宣传。通过深入报道和专题节目,公众能够全面了解政策的制定背景及其重要性。例如,中央电视台的"绿色中国"节目,定期邀请环保专家和政府官员,对绿色低碳政策进行详细解读,并回答观众提问,使得政策信息更加透明和易于理解。同时,报纸如《人民日报》《光明日报》等,通过专栏和特刊形式,系统地介绍绿色低碳政策,从政策的宏观背景到具体的实施措施,逐一展开详尽报道。广播电台则通过专题节目和新闻报道,及时传递最新政策信息,并邀请专家进行点评,使公众能够第一时间掌握政策动态。

其次，随着数字化技术的发展，政府逐步扩大了新媒体在环保传播中的应用。官方微博、微信公众号等平台成为政府发布政策信息的重要渠道。这些平台不仅传播速度快，覆盖面广，还能通过互动功能及时回应公众。例如，生态环境部的官方微信公众号定期推送绿色低碳政策的最新动态，附带政策解读视频、图表和数据分析，帮助公众更好地理解和接受这些政策。与此同时，政府还利用短视频平台如抖音和快手，通过生动有趣的短视频形式，向公众宣传绿色低碳理念和政策信息。例如，某些环保政策通过动画视频的形式展现其实施过程，使政策更加通俗易懂。

再次，政府还通过社区活动和公众参与机制，进一步深化绿色低碳政策的宣传和实施。在各地，政府与社区组织合作，开展环保宣传教育活动，如讲座、研讨会和环保志愿者培训等。这些活动不仅提高了公众的环保意识，还鼓励他们积极参与到政策实施中来，形成良好的社会氛围。例如，北京市在"绿色社区"项目中，通过组织居民参与节能减排活动，使绿色低碳理念深入人心，形成全民参与的良好局面。此外，地方政府通过设立环保体验馆、生态公园等设施，让市民在亲身体验中了解和感受绿色低碳政策的益处，从而增强环保意识和行为自觉。

最后，政府还重视利用企业和非政府组织的力量，共同推进绿色低碳政策的传播。政府通过与企业合作，推动绿色技术和产品的推广，同时通过非政府组织的网络，将政策信息传播到更多的社会层面。一些非政府环保组织通过举办大型环保宣传活动，如"地球一小时"活动，号召公众共同关注并践行绿色低碳生活方式，从而扩大政策的社会影响力。

二、环保传播推动环保政策宣传实施的流程

环保传播在现代社会中扮演着至关重要的角色，特别是在促进环保政策的宣传和落实方面，其作用不可低估。以下将详细介绍环保传播促进环保政策宣传和落实的具体流程：

（一）制定环保政策

1. 研究和分析

政策的制定首先需要进行广泛的研究和分析。专家和政策制定者需要收

集和分析环境数据、社会经济状况以及国际环保趋势。

2. 拟定政策草案

基于研究成果，制定环保政策草案。政策草案应包含具体的目标、实施措施和预期效果。

3. 征求意见

政策草案形成后，需广泛征求各界意见，包括专家、公众、企业等，以确保政策的科学性和可行性。

（二）政策发布与宣传

1. 政策发布

正式发布环保政策，通过政府官方网站、新闻发布会等渠道向社会公布。

2. 媒体宣传

传统媒体：利用报纸、电视、广播等传统媒体进行广泛宣传。通过专题报道、新闻专栏、公益广告等形式，详细解读政策背景、目标和实施措施。

新媒体：通过官方微博、微信公众号等新媒体平台，快速传播政策信息。利用短视频、动画等生动形式，增强宣传效果。

社交媒体互动：在社交媒体平台上与公众互动，及时回应公众关切，解答疑问，提升政策透明度和公信力。

3. 社区宣传

在社区组织环保讲座、研讨会、志愿者活动等，深入基层宣传环保政策，鼓励公众积极参与。

（三）政策落实与监测

1. 政策实施

各级政府和相关部门按照政策要求，落实具体措施，如污染治理、节能减排、生态修复等。

2. 公众参与

动员公众参与环保活动，通过社区活动、志愿者服务等方式，提升公众环保意识和行为自觉。

3. 企业合作

与企业合作，推广绿色技术和产品，推动绿色生产和消费。

4. 非政府组织参与

利用非政府组织的网络和资源，扩大环保政策的社会影响力。

（四）政策评估与反馈

1. 监测与评估

定期监测政策实施效果，评估政策目标的实现情况。通过数据分析、实地调查等手段，及时掌握政策实施进展。

2. 反馈与调整

根据监测和评估结果，进行政策反馈和调整。对实施过程中出现的问题，及时进行修正和优化，以确保政策的有效性和可持续性。

环保传播促进环保政策宣传和落实流程图如图 5-1 所示：

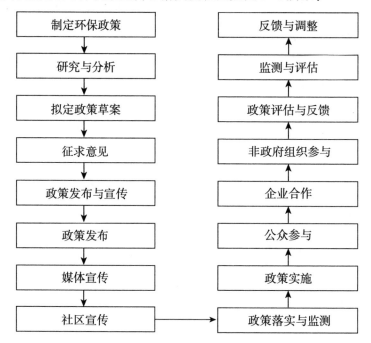

图 5-1　环保传播促进环保政策宣传和落实流程图

由以上流程图可以清晰地看到政策从制定到发布、宣传、落实与监测、政策评估与反馈、政策调整等各个环节，环保传播都发挥着重要作用。

三、案例分析

在环保传播促进环保政策宣传以及实施中，有很多经典案例。例如，《"十三五"控制温室气体排放工作方案》通过新闻发布会、官方媒体报道和社交媒体平台进行广泛宣传，使公众了解国家在应对气候变化方面的努力和决心，并且引导公众行为，从而促使政策顺利实施。具体如下：

国务院 2016 年 10 月 27 日印发《"十三五"控制温室气体排放工作方案》，[①] 这是我国政府在"十三五"期间应对气候变化的重要政策文件。该方案提出的总体目标是"到 2020 年，单位国内生产总值二氧化碳排放比 2015 年下降 18%，碳排放总量得到有效控制。氢氟碳化物、甲烷、氧化亚氮、全氟化碳、六氟化硫等非二氧化碳温室气体控排力度进一步加大。碳汇能力显著增强。支持优化开发区域碳排放率先达到峰值，力争部分重化工业 2020 年左右实现率先达峰，能源体系、产业体系和消费领域低碳转型取得积极成效。全国碳排放权交易市场启动运行，应对气候变化法律法规和标准体系初步建立，统计核算、评价考核和责任追究制度得到健全，低碳试点示范不断深化，减污减碳协同作用进一步加强，公众低碳意识明显提升。"[②]

环保传播在《"十三五"控制温室气体排放工作方案》宣传和实施中的作用至关重要。通过多种媒体和传播手段，政府能够有效传递政策信息，增强公众的环保意识，并动员社会各界积极参与，推动政策的顺利实施。以下从流程角度分析环保传播在该方案中的具体步骤，并通过案例说明每个环节的实际应用。

（一）政策制定与传播策略规划

1. 政策制定

研究与分析：政策制定前，进行全面的温室气体排放现状分析，结合国内外经验，确定控制目标和措施。

---

① https：//www. mee. gov. cn/ywgz/ydqhbh/wsqtkz/201904/t20190419_ 700360. shtml.

② https：//www. mee. gov. cn/ywgz/ydqhbh/wsqtkz/201904/t20190419_ 700360. shtml.

政策草案：基于研究成果，制定《"十三五"控制温室气体排放工作方案》草案。

征求意见：广泛征求专家、公众和企业的意见，修订完善政策草案。

2. 传播策略规划

目标受众确定：确定政策信息的主要受众，包括公众、企业、政府部门和非政府组织。

媒介选择：选择适合的传播媒介，如传统媒体（报纸、电视、广播）、新媒体（微博、微信、短视频平台）和社区活动。

内容策划：制定详细的传播内容，包括政策背景、目标、实施措施和预期效果。

（二）政策发布与宣传

1. 政策发布

官方发布：通过政府官方网站、新闻发布会等渠道正式发布《"十三五"控制温室气体排放工作方案》。

媒体报道：组织媒体对政策进行全面报道，确保信息广泛传播。

2. 传统媒体宣传

案例：中央电视台的专题节目

中央电视台制作专题节目《绿色中国》，深入解读政策背景和实施措施。

通过专家访谈和专题报道，向公众传递政策重要性和具体内容。

3. 新媒体传播

生态环境部利用微信公众号，发布政策解读文章、视频和图表，帮助公众理解政策。

通过微信推送最新动态和成功案例，增强公众对政策实施进展的认知。

（三）社区活动与公众参与

1. 社区宣传

案例：北京市的"绿色社区"活动

政府与社区组织合作，开展环保讲座和节能减排实践活动，向居民普及低碳生活知识。

通过社区志愿者上门宣传，指导居民进行垃圾分类和节能用电，提升公众环保意识。

2. 公共活动

案例："地球一小时"活动

通过组织大型环保宣传活动，如"地球一小时"，动员公众共同关注气候变化，践行低碳生活方式。

非政府组织与地方政府合作，推广节能减排理念，扩大政策影响力。

3. 科普宣传

政府通过中国科协等组织，开展大规模的气候变化科普宣传活动。在全国范围内举办讲座、展览和互动体验活动，向公众普及低碳知识，提高公众对低碳生活方式的认知度和接受度。

4. 环保课堂

在中小学和高校中推广"环保课堂"活动，通过课堂教学、课外活动和环保实践，让青少年深入了解气候变化问题及应对措施。例如，北京大学、清华大学等高校开设了气候变化相关课程，邀请国内外知名专家授课，培养学生的环保意识和低碳生活理念。

（四）企业与非政府组织合作

1. 企业合作

案例：阿里巴巴集团的绿色物流项目

政府与阿里巴巴集团合作，推广绿色物流，通过使用新能源车辆和智能物流系统，减少碳排放。

阿里巴巴集团在官方网站和社交媒体上发布项目成果，展示绿色物流对节能减排的贡献。

2. 非政府组织参与

案例：自然资源保护协会（NRDC）

NRDC与地方政府合作，推广节能建筑项目，通过技术支持和宣传培训，提高建筑行业的节能水平。

举办低碳技术展览和研讨会，促进技术交流和应用，推动绿色技术的普及。

（五）政策监测与评估

1. 实施监测

数据收集与分析：定期收集和分析温室气体排放数据，监测政策实施效果。

现场检查：对重点行业和企业进行现场检查，确保政策措施落实到位。

2. 评估与反馈

案例：深圳市的低碳城市试点

深圳市定期评估低碳城市建设进展，通过数据分析和公众调查，掌握政策实施效果。

根据评估结果，及时反馈和调整政策措施，确保目标实现。

第二节　培养公众意识　引导公众行为

环保传播在提升公众环保意识、引导公众参与环保活动发挥了关键作用。环保传播不仅提高了公众的环保意识，而且引导公众环保行为，加大了公众对于环保活动的参与度，使公众在绿色低碳目标的实现中发挥了积极作用，本节将探讨环保传播如何培养公众环保意识，引导公众环保行为，通过具体的论证和案例，全面分析这一过程中的关键因素和实际效果。

一、环保传播在引导公众环保意识和行为中的重要性

（一）提升公众环保意识

环保传播通过多种渠道和形式，向公众传递环境保护的重要性和紧迫性，提高公众的环保意识。通过政府政策解读、环保新闻报道、公益广告等方式，使公众能够更全面地了解环境问题的现状及其对生活的影响，从而增强环保意识。例如，通过电视、广播、报纸等传统媒体，以及微博、微信等新媒体平台，公众可以及时获取环境保护的相关信息，形成环境保护的基本认知。

（二）普及公众环保知识

环保传播在普及环保知识方面发挥了重要作用。通过环保科普节目、环保讲座、宣传手册等形式，公众可以学习到最新的环保技术、环保法规和环保生活小窍门，掌握环保操作技能。例如，许多环保组织和机构定期举办环保科普讲座，邀请专家讲解气候变化、垃圾分类、节能减排等知识，帮助公众提高环保素养。

（三）引导公众环保行为

环保传播不仅提高公众的环保意识和知识，还通过实际行动引导公众践行环保行为。例如，政府和环保组织通过宣传节能减排、垃圾分类、绿色消费等环保行为，引导公众在日常生活中减少资源消耗，减少污染物排放，积极采用绿色生活方式。例如，北京市开展的垃圾分类宣传活动，通过宣传海报、社区讲座等形式，引导市民正确进行垃圾分类，减少垃圾对环境的影响。

（四）促进公众参与环保活动

环保传播还通过各种形式的环保活动，促进公众积极参与。例如，政府和环保组织发起的环保活动，如"地球一小时"、植树节、清洁河道等，吸引了大量公众参与。这些活动不仅提升了公众的环保意识，也增强了公众的社会责任感和参与感。

二、培养公众环保意识的途径

（一）政府制定法规政策

政府通过制定和实施环保法规，强制性地规范公众的环保行为，从而培养公众环保意识。例如，垃圾分类制度的推行，通过立法和政策引导，使垃圾分类逐渐成为居民的自觉行为。在一些城市，政府还对违规行为进行处罚，以增强法规的约束力和执行效果。

（二）经济激励

政府可以通过经济激励措施，鼓励公众参与环保活动。例如，实行绿色补贴政策，对购买新能源车辆、使用节能家电的消费者给予财政补贴，降低绿色产品的使用成本。此外，还可以通过税收优惠政策，鼓励企业研发和推广环保技术和产品。

（三）学校教育

学校教育是培养环保意识的基础。从幼儿园到大学，环保教育应贯穿各个阶段。在课程设置中融入环境保护知识，通过课堂教学、实验活动和课外实践，培养学生的环保意识和责任感。例如，一些学校通过环保主题活动和节能减排比赛，激发学生参与环保活动的积极性。

（四）社区活动

社区活动是培养环保意识的重要途径。政府和社区组织可以通过举办环保讲座、节能减排实践活动、环保志愿者培训等形式，向居民普及环保知识和技能。例如，北京市的"绿色社区"活动，通过社区志愿者上门宣传和指导，提升了居民的环保意识和行为自觉。

（五）非政府组织的参与

非政府组织（Non-Governmental Organizations，NGOs）在环保宣传和教育中发挥了重要作用。通过开展环保宣传活动、提供环保教育资源和组织志愿者行动，NGOs能够有效地动员和引导公众参与环保活动。例如，自然资源保护协会（NRDC）通过举办环保讲座和研讨会，普及环保知识，提高公众环保意识。

（六）案例分析：绿色出行

绿色出行是实现绿色低碳目标的重要方面之一。城市交通是碳排放的重要来源，推广公共交通、自行车和步行等低碳出行方式，有助于减少交通碳排放，提高空气质量，缓解城市交通拥堵。通过环保传播，政府和环保组织宣传推广绿色出行方式，引导公众改变出行习惯，践行绿色低碳生活。

以北京市的"绿色出行宣传月"为例。北京市作为中国的首都，人口密集，交通压力大，是绿色出行宣传的重点区域。为了推动绿色出行理念的普及，北京市政府每年都开展"绿色出行宣传月"活动，通过多种传播方式，向市民宣传绿色出行的益处和具体方式。

海报宣传

在"绿色出行宣传月"活动期间，北京市地铁站、公交车站和公共场所张贴大量绿色出行宣传海报。海报设计简洁明了，配有生动的图片和简短的文字，向市民传递绿色出行的重要性和具体操作方法。例如，一张海报上显示了步行和骑行的卡路里消耗量，鼓励市民选择步行或骑行上下班。另一张海报则展示了公交车和私家车的碳排放对比，呼吁市民尽量选择公共交通出行。

电视广告

北京市电视台制作了一系列绿色出行公益广告，通过黄金时段播放，强化宣传效果。广告内容包括绿色出行的好处、如何选择低碳出行方式等。例如，一则广告展示了一名市民从家出发，通过步行、骑行和乘坐地铁到达办公室的全过程，生动形象地展示了绿色出行的便捷和环保。这些广告不仅在电视台播放，还通过视频网站、社交媒体等渠道传播，覆盖面广，影响力大。

社交媒体宣传

北京市政府官方微博和微信公众号是重要的宣传平台。通过这些平台，政府定期发布绿色出行相关信息，包括绿色出行的知识小贴士、政策解读、活动通知等。例如，市政府官方微博"北京发布"在"绿色出行宣传月"活动期间每天发布一条绿色出行小贴士，内容包括如何选择低碳出行方式、步行和骑行的健康益处等。这些信息简洁易懂，便于市民快速了解和分享。此外，政府还通过微信公众号推送详细的政策解读和活动报道，增强公众对绿色出行的认同感和参与度。

社区活动

为了让绿色出行理念深入人心，北京市各区社区组织了一系列绿色出行主题活动。例如，海淀区社区居委会组织了"绿色出行健步走"活动，邀请社区居民一起参加步行比赛，通过实际行动践行绿色出行理念。活动结束后，社区还组织环保讲座，向居民普及绿色出行知识，鼓励大家在日常生活中践行低碳出行方式。

宣传效果与成果

通过这些系列宣传活动，北京市民对绿色出行的认同感和参与度显著提升。根据北京市交通委员会的调查数据显示，"绿色出行宣传月"活动期间，选择公共交通、自行车和步行出行的市民比例明显增加，私家车出行量有所减少。

通过环保传播，绿色出行理念在北京市得到了广泛推广和认可，市民的出行习惯逐渐向低碳化、绿色化转变。这一案例表明，环保传播在实现绿色低碳目标中发挥了重要作用。

三、引导公众参与环保行为的机制

公众参与是环保传播的重要目标和关键环节。公众的广泛参与不仅能够增强环境保护的效果，还能提高政府环境治理的透明度和公信力。

在环保传播中，公众参与机制主要包括环保志愿者组织、环保投诉热线和环保公众听证会等。通过这些机制，公众可以积极参与环境保护活动，表达对环境问题的关注和意见，从而推动环境治理工作的开展。

（一）环保志愿者组织

环保志愿者组织是公众参与环境保护的重要形式之一。通过志愿者活动，公众可以直接参与环境保护实践，了解环境问题的成因和治理方法。例如，各地环保组织经常组织的植树、垃圾分类宣传、河道清洁等活动，不仅能有效改善环境，还能提高公众的环保意识和责任感。

北京市的"护蓝天、我先行"志愿者活动，吸引了大量市民参与。志愿者通过宣传环保知识、监督环境污染行为，积极参与到大气污染治理工作中，为"蓝天保卫战"贡献力量。

（二）环保投诉热线

环保投诉热线是公众表达环保诉求和参与环境治理的重要渠道。通过投诉热线，市民可以举报环境污染问题，提出环境治理建议，监督环保政策的实施。

如北京市环境保护局设立的环保投诉热线，方便市民举报各种环境污染问题，如空气污染、水污染、噪声污染等。通过及时受理和处理市民投诉，环保局不仅能够快速发现和解决环境问题，还能增强公众对环保工作的信任和支持。

（三）环保公众听证会

环保公众听证会是公众参与环境决策的重要形式。在听证会上，公众可以就环保政策、项目规划等发表意见和建议，参与环境治理的决策过程。这种机制有助于提高环境决策的透明度和科学性，增强公众对环境治理的参与感和责任感。

例如，在北京市的环保公众听证会上，市民、专家、政府代表齐聚一堂，就城市垃圾处理、工业废水排放等问题展开讨论。通过听证会，不仅能汇集各方智慧，还能让公众充分了解环境决策的背景和依据，增强对环保政策的认同感。

四、案例分析

（一）北京市环保投诉热线

北京市环保投诉热线的设立，是公众参与机制中的一个成功案例。该热线的运作不仅有效提高了公众参与度，还对环境治理工作产生了积极影响。

1. 背景与设立目的

随着北京市环境问题的日益严重，市民对环境保护的关注度和参与度不断提升。为更好地回应市民诉求，增强环境治理的透明度和有效性，北京市环境保护局于 2015 年设立了环保投诉热线。设立环保投诉热线的主要目的是为市民提供一个便捷的投诉和建议渠道，及时发现和解决环境问题，促进公众参与环境治理。

2. 运作机制

北京市环保投诉热线由专门的工作人员负责接听和记录市民的投诉和建议。投诉内容包括空气污染、水污染、噪声污染、固体废弃物处理等各种环境问题。工作人员将投诉内容分类整理，转交给相关部门进行处理，并在规定时间内反馈处理结果。

3. 成效与影响

环保投诉热线的设立，有效提高了市民的参与度和环境问题的处理效率。

数据显示，自热线设立以来，接到的投诉数量逐年增加，市民对环境问题的关注度和参与度明显提升。

4. 快速响应与处理

通过环保投诉热线，生态环境部门能够快速响应市民的投诉，及时处理环境污染问题。例如，某区居民投诉工厂排放废气严重影响生活质量，生态环境部门接到投诉后立即派员调查，责令工厂整改，迅速解决问题。

5. 增强公众信任

环保投诉热线的运作，增强了公众对环保工作的信任感。市民通过投诉热线表达诉求，看到生态环境部门的积极回应和有效处理，进一步增强了对环境治理的信心和支持。

6. 促进政策完善

通过汇集市民的投诉和建议，生态环境部门能够更全面地了解环境问题的现状和公众的关切点，有助于完善环保政策和措施。例如，针对市民反映的噪声污染问题，北京市出台了更为严格的噪声控制标准和执法措施。

（二）"地球一小时"活动

"地球一小时"是由世界自然基金会（WWF）发起的一项全球性环保活动，旨在通过熄灯一小时，唤起人们对气候变化和环境保护的关注。自2007年首次举办以来，"地球一小时"已成为全球最具影响力的环保活动之一，中国自2009年起也积极参与其中。

1. 活动背景及传播形式

"地球一小时"活动的核心理念是通过简单的熄灯一小时行为，向全球传递节能减排的环保理念。活动的传播形式多样，包括电视广告、网络宣传、社交媒体推广等。中国的"地球一小时"活动得到了政府、企业和媒体的大力支持，各地纷纷举办形式多样的宣传活动。

2. 提高环保意识

"地球一小时"活动通过广泛的媒体宣传，使公众认识到能源浪费和气候变化对环境的危害。例如，中央电视台制作并播出了多期"地球一小时"专题节目，邀请环保专家、明星代言人参与讨论，向公众传递节能减排的重要性。这些节目通过电视、网络和社交媒体平台播放，覆盖面广，影响力大。

3. 普及环保知识

在"地球一小时"活动期间，环保组织和媒体联合制作了大量科普文章和教育视频，向公众普及环保知识。例如，中国的 WWF 分会通过官方网站和社交媒体平台发布了一系列关于气候变化、能源节约和环保行为的科普文章，帮助公众理解气候变化的科学原理和具体的节能措施。

4. 引导环保行为

"地球一小时"活动不仅强调熄灯一小时的象征意义，更重要的是通过这一活动引导公众在日常生活中采取节能减排的环保行为。例如，活动期间，许多家庭自发关闭家中的灯光和电器，体验节能生活的乐趣。同时，活动也鼓励公众在日常生活中节约用电，减少不必要的能源消耗。

5. 促进公众参与

"地球一小时"活动通过广泛的宣传和推广，激发了公众参与环保活动的热情。每年，数百万中国家庭和企业参与熄灯活动，以实际行动支持节能减排和应对气候变化。北京、上海、广州等大城市的地标性建筑，如东方明珠塔、广州塔等，在"地球一小时"活动期间熄灯，吸引了大量市民和游客参与，形成了强大的社会影响力。

（三）中国高校的环保课堂项目

中国高校的环保课堂项目是由教育部和生态环境部联合推出的一项环保教育计划，旨在通过课堂教学、课外活动和环保实践，提高高校学生的环保意识和能力。这一项目在全国范围内的高校中广泛开展，取得了显著成效。

1. 项目背景及传播形式

环保课堂项目的核心理念是将环保教育融入高校课程体系，通过多种传播形式，向学生传递环保知识和理念。项目包括环保课程设置、环保社团活动、环保实践项目等，覆盖了课堂内外的多种教育形式。

2. 提高环保意识

环保课堂项目通过系统的课程设置，提高了高校学生的环境意识。例如，北京大学、清华大学等高校开设了气候变化与环境保护相关课程，邀请国内外知名专家授课，深入探讨气候变化的科学原理、环境保护的政策措施及其实际应用。这些课程不仅提高了学生的学术水平，也增强了他们对环境问题的关注和思考。

3. 普及环保知识

在环保课堂项目中，教师通过丰富多样的教学手段，向学生普及环保知识。例如，教师在课堂上通过多媒体课件、互动实验、案例分析等方式，生动形象地讲解环境污染的成因、气候变化的影响及其应对措施。同时，学校还邀请环保专家、企业代表和政府官员举办专题讲座，分享最新的环保研究成果和实践经验，帮助学生全面了解环保领域的前沿动态。

4. 引导环保行为

环保课堂项目不仅注重知识的传授，更注重行为的引导。例如，学校通过环保社团活动，组织学生开展垃圾分类、节能减排、生态考察等实践活动，鼓励学生在实际行动中践行环保理念。例如，北京大学的"绿色校园"项目，通过宣传环保理念、推广节能措施、开展环保实践，倡导全校师生共同参与，形成了良好的环保氛围。

5. 促进公众参与

环保课堂项目还通过多种途径，促进高校学生的环保参与意识。学校组织环保比赛、环保节、环保志愿服务等活动，吸引了大量学生参与。例如，清华大学于1998年提出"建设绿色大学"的理念，并把建设绿色大学作为学校创建世界一流大学的一个重要组成部分。十多年来，在教育部、生态环境部、科技部、发改委等部门以及北京市政府的大力支持下，学校在"绿色教育""绿色科技"和"绿色校园"三方面建设成效显著，发挥了很好的示范带动作用，为国家环境保护和可持续发展事业发挥了重要作用。[①] 清华大学举办的"绿色大学"活动，通过环保讲座、电影放映、环保市集等多种形式，吸引了数千名学生和市民参与，形成强大的社会影响力。

---

① 教育部.清华大学全面进行"绿色大学"建设［EB/OL］.（2010-02-05）.http：//www. moe. gov. cn/jyb_ sjzl/s3165/201004/t20100420_ 85894. html.

第三节　推动企业参与　承担社会责任

近年来，随着全球环境问题的日益严峻，环保传播在我国逐渐成为推动企业社会责任和绿色发展的重要手段。环保传播不仅帮助企业了解和遵守环境法规，还引导企业积极参与环保活动，承担社会责任，实现可持续发展。环保传播也促使企业更加重视绿色低碳发展。许多企业通过发布可持续发展报告、开展环保公益活动等形式，向公众展示其在环境保护方面的努力。此外，企业还通过环保传播提高员工的环保意识，鼓励员工在工作和生活中践行绿色低碳理念，形成良好的企业文化。

本节将探讨环保传播在促进我国企业参与和履行社会责任中的作用，通过具体的论证和案例，全面分析这一过程中的关键因素和实际效果。

一、环保传播在企业参与中的重要性

（一）提高企业环保意识

环保传播通过多种渠道，向企业传递环境保护的重要性和紧迫性，提高企业的环保意识。通过政府政策解读、行业报告、环保培训等方式，企业管理者和员工能够更全面地了解环境问题的现状及其对企业发展的影响，从而增强环保意识。

（二）促进企业环保知识普及

环保传播在普及环保知识方面发挥了重要作用。通过环保论坛、研讨会、培训课程等形式，企业可以学习到最新的环保技术、管理方法和政策法规，掌握环保操作技能。例如，许多环保组织和机构定期举办环保培训班，帮助企业提高环保管理水平。

（三）引导企业环保行为

环保传播不仅提高企业的环境意识和知识，还通过实际行动引导企业践行环保行为。例如，政府和环保组织通过宣传节能减排、清洁生产等环保技术和方法，引导企业在生产经营过程中减少污染物排放，降低资源消耗，积极采用绿色技术和工艺。

二、环保传播促进企业社会责任的理论基础

（一）利益相关者理论

利益相关者理论认为，企业不仅要为股东创造价值，还要关注其他利益相关者的利益，包括员工、客户、供应商、社区和环境。环保传播通过向企业传递利益相关者的环保诉求，促进企业在经营活动中考虑环境影响，承担环境责任，实现多方共赢。

（二）可持续发展理论

可持续发展理论强调经济发展、社会进步和环境保护的协调统一。环保传播通过传播可持续发展理念，帮助企业认识到环境保护与经济发展的关系，引导企业在追求经济利益的同时，注重环境保护和社会责任，实现可持续发展。

（三）社会责任理论

社会责任理论强调企业在追求经济效益的同时，必须履行社会责任，包括环境责任。环保传播通过向企业传递社会责任的理念和要求，促进企业自觉履行环境责任，积极参与环境保护，实现社会价值。

三、环保传播引导企业参与的具体方法

（一）政府政策宣传

政府通过多种渠道宣传环境保护政策，向企业传递环保要求和标准。例如，生态环境部、发改委等部门定期发布环保政策解读，通过新闻发布会、政府网站、官方媒体等形式，向企业传递政策信息，帮助企业了解并遵守环保法规。

（二）环保培训与教育

环保组织和机构定期举办环保培训和教育活动，向企业传授环保知识和

技能。例如，中国环境保护产业协会定期举办环保培训班，邀请专家讲解最新的环保技术和管理方法，帮助企业提高环保管理水平。

（三）环保论坛与研讨会

环保论坛和研讨会是环保传播的重要形式，通过专家讲座、案例分享、互动讨论等方式，向企业传递环保信息。例如，中国环境科学学会每年举办的"中国环境科学学会年会"，吸引了众多企业代表参加，通过交流和讨论，提升企业的环保意识和管理水平。

（四）社会化媒体

社交媒体和互联网平台为环保传播提供了新的渠道和方式。例如，微博、微信等新媒体平台通过发布环保信息、开展环保活动，吸引企业参与，增强企业的环保意识和社会责任感。

四、案例分析：阿里巴巴集团的绿色办公计划

阿里巴巴集团作为中国领先的互联网企业，一直致力于推动绿色低碳发展。其绿色办公计划通过多种传播形式，向员工传递环保理念和知识，引导员工在工作和生活中践行绿色低碳行为。

1. 提高环保意识

阿里巴巴通过企业网站，定期发布环保相关信息，提高员工的环保意识。例如，企业网站设有专门的环保频道，发布最新的环保新闻、政策解读和环保小贴士。内部邮件中也定期推送环保信息，提醒员工关注环境保护的重要性。这些信息覆盖面广，影响力大，有效提高了员工的环保意识。

2. 普及环保知识

阿里巴巴通过环保培训和教育活动，向员工普及环保知识。例如，公司定期邀请环保专家举办讲座，讲解气候变化、节能减排、绿色办公等知识。公司还通过培训课程，系统讲授环保知识和行为，引导员工在日常工作中践行环保理念。例如，培训课程内容包括如何节约用电、减少纸张浪费、合理使用空调等具体措施，帮助员工掌握实用的环保技能。

3. 引导环保行为

阿里巴巴通过多种方式引导员工的环保行为。例如，公司在办公区域内设置了垃圾分类箱，张贴垃圾分类指南，鼓励员工进行垃圾分类。公司还推广绿色出行，提供共享单车和电动汽车充电桩，鼓励员工选择低碳出行方式。通过这些措施，公司成功引导员工在日常工作和生活中践行绿色低碳行为，减少了办公过程中的碳排放。

4. 促进公众参与

阿里巴巴的绿色办公计划不仅在企业内部实施，还通过多种途径向公众传播。例如，公司在官方网站和社交媒体平台上发布绿色办公的成功经验和实践案例，分享环保理念和做法，鼓励其他企业和个人参与环保活动。公司还组织员工参与社区环保活动，如植树、清理河道等，以实际行动支持环境保护，促进公众参与环保。

第四节　加强社会监督　促进环境保护

随着环境问题日益严峻，环境保护成为全球关注的焦点。有效的环境保护不仅需要政府的政策支持和企业的自律，还需要社会各界的广泛参与和监督。环保传播在促进社会监督方面发挥着重要作用，通过传播环境保护信息、动员公众参与、提升公众环保意识，环保传播能够构建一个多元、透明和公正的社会监督体系。本节将探讨环保传播在社会监督中的作用，介绍具体的参与途径和方法，并通过经典案例进行分析。

一、环保传播在社会监督中的重要性

环保传播通过媒体、教育和公众参与等途径，使环境保护信息得到广泛传播，从而促进社会各界对环境问题的关注和监督。具体来说，环保传播在社会监督中的作用主要体现在以下几个方面：

（一）增强公众环保监督意识

环保传播通过多种渠道，向公众传递环保监督的重要性和紧迫性，提高

公众的环保监督意识。通过新闻报道、专题节目、公益广告等形式，公众能够了解环境污染事件和环保政策的执行情况，从而增强环保监督意识。例如，通过电视、广播、报纸等传统媒体，以及微博、微信等新媒体平台，公众可以及时获取环境污染事件和环保政策执行的相关信息，形成环保监督的基本认知。

（二）提供环保监督信息

环保传播在提供环保监督信息方面发挥了重要作用。通过新闻报道、专题节目、宣传手册等形式，公众可以了解环境污染事件的发生原因、影响范围和治理措施，掌握环保监督的基本知识和技能。通过媒体报道和公众参与，环保传播能够促进环境信息的公开透明，使环境治理过程更加公正和可信。

（三）引导公众环保监督行为

环保传播用实际行动引导公众参与环保监督。例如，政府和环保组织通过宣传环境举报热线、环保志愿者活动等方式，引导公众积极参与环境污染事件的监督和举报，推动环境治理。

（四）促进公众参与环境治理

环保传播还通过各种形式的环保活动，促进公众积极参与环境治理。例如，政府和环保组织发起的环保志愿者活动、环境保护公益诉讼等，吸引了大量公众参与。

（五）推动政策实施

通过对环境政策的宣传和解读，环保传播能够推动政策的有效实施，并对政策执行过程进行监督，确保政策措施落实到位。环保传播向公众介绍政策内容、目标和重要性，增强公众对政策的认同感和支持度。同时，环保传播通过持续报道和跟踪政策的实施进展，对政策执行情况进行监督，确保各项措施真正落实到位。通过这种方式，环保传播在推动环境政策的有效实施和监督过程中发挥着至关重要的作用。

二、社会监督的参与途径和方法

为了实现有效的社会监督，环保传播需要动员各方力量，形成多元化的参与机制。具体途径和方法包括：

（一）媒体监督

媒体是环保传播的重要载体，通过新闻报道、专题节目和舆论监督，媒体能够发挥重要的社会监督作用。

新闻报道：媒体可以通过深入调查和报道，揭露环境污染事件和违法行为，推动相关部门采取措施进行治理。例如，某地发现非法排污企业，媒体进行曝光后，引起社会广泛关注，促使生态环境部门迅速查处。

专题节目：电视台、广播电台和网络媒体可以制作环保专题节目，深入探讨环境问题的成因和治理对策，邀请专家学者和公众代表参与讨论，形成社会共识，推动环境保护工作。

舆论监督：媒体通过社论、评论文章等形式，对环境保护政策的执行情况进行监督，提出意见和建议，促进政策的完善和落实。

（二）公众参与监督

公众是环境保护的直接受益者，通过多种途径参与社会监督，能够形成广泛的社会监督网络。

举报热线和平台：设立环保举报热线和网络平台，方便公众举报环境污染问题。政府部门应及时受理和处理公众投诉，反馈处理结果，增强公众参与的积极性。

环保志愿者组织：鼓励和支持环保志愿者组织的发展，动员志愿者参与环境监督和治理工作。例如，组织志愿者进行水质监测、空气质量监测等活动，收集环境数据，向有关部门反馈。

公众听证会：在环境政策和项目决策过程中，举办公众听证会，广泛听取公众意见和建议，增强决策的科学性和公正性。例如，在建设大型化工项目之前，举行公众听证会，听取当地居民和环保组织的意见，确保项目的环境影响得到充分评估和治理。

（三）社会组织监督

社会组织是环保传播的重要力量，通过开展调研、发布报告和倡导活动，社会组织能够发挥独立的监督作用。

环境 NGO：环境非政府组织（NGO）通过独立调研和发布环境报告，揭示环境问题，提出治理建议。例如，某环境 NGO 发布的年度环境质量报告，系统评估了某地区的环境状况，提出了建议，引起了政府和公众的关注。

行业协会：环保行业协会通过制定行业标准、开展行业自律，推动企业遵守环境法规和标准。例如，某地的化工行业协会制定了严格的排放标准，并对会员企业进行定期检查，确保其环保措施到位。

学术机构：高校和科研机构通过开展环境研究，提供科学依据和政策建议，支持环境治理和监督。例如，某大学环境学院发布的研究报告，对某河流的污染成因进行了深入分析，提出了科学的治理对策，为政府决策提供了参考。

三、经典案例分析

为了更好地理解环保传播在社会监督中的作用，本文选取了两个经典案例进行分析。

（一）央视"绿色时空"节目

央视"绿色时空"是中国中央电视台推出的一档环保专题节目，通过深入报道环境问题，动员公众参与环境保护，发挥了重要的社会监督作用。

1. 节目内容

节目以环境问题为主题，涵盖空气污染、水污染、垃圾处理等多个方面，通过现场调查、专家访谈和案例分析，深入揭示环境问题的成因和危害，提出科学的治理对策。

2. 社会影响

通过"绿色时空"的报道，许多环境污染事件得到了社会的广泛关注和快速解决。例如，某地发现大量工业废水排放到河流中，节目组进行调查后，报道了这一事件，引起了政府和公众的高度重视，相关部门迅速采取措施，关闭了违法排污企业，恢复了河流水质。

3. 公众参与

节目通过多种方式动员公众参与环境保护，如开设热线电话、设立举报邮箱等，方便公众举报环境问题。同时，节目还邀请公众参与现场调查和讨论，增强了公众的环境保护意识和责任感。

（二）北京市环保公众听证会

北京市环保公众听证会是公众参与环境决策的重要形式，通过广泛听取公众意见，增强了环境决策的科学性和公正性。

1. 听证会内容

在制定环境政策和决策重大项目时，北京市环保局定期举办公众听证会，邀请市民、专家和环保组织代表参加，听取各方意见和建议。例如，在制订《北京市空气污染防治行动计划》时，环保局举行了多次公众听证会，听取了市民对大气污染治理的意见和建议。

2. 决策影响

通过听证会收集到的意见和建议，环保局对行动计划进行了多次修改和完善，使其更加科学和可行。例如，听证会上有市民建议增加对机动车排气排放物的控制措施，环保局采纳了这一建议，在行动计划中增加了对机动车限行和淘汰老旧车辆的措施，有效提高了空气质量。

3. 公众参与

公众听证会增强了市民对环境决策的参与感和责任感，提高了环境决策的透明度和公信力。通过参与听证会，市民不仅了解了环境问题的成因和治理措施，还能直接表达自己的意见和建议，推动环境治理工作。

第五节　深化国际合作　共护美丽地球

随着全球环境问题日益严重，各国之间的合作显得尤为重要。我国作为世界上最大的发展中国家之一，面对日益突出的环境问题，积极寻求与国际社会的合作，共同应对环境挑战。

我国的环保传播在国际合作和经验分享中发挥了重要作用。通过与国际环保组织、媒体和学术机构的合作，我国不仅传播了自身在绿色低碳发展方面的成功经验，也学习和借鉴了其他国家的先进做法。本节将从我国环保传播进行国际合作的必要性、国际合作的途径以及取得的成效来进行分析。

一、我国环保传播进行国际合作的必要性

（一）全球环境问题的共性

环境问题如气候变化、空气污染、水资源短缺等，具有全球性和跨国界的特点，单靠一国之力难以有效解决。这些问题不但威胁着人类的生存环境，还对全球的生态系统造成了深远的影响。气候变化引发的极端天气事件，如洪水、干旱和飓风，正在全球范围内频繁发生，直接威胁着人类的生命财产安全。空气污染不仅影响呼吸健康，还导致全球范围内的雾霾天气，严重影响人们的生活质量。水资源短缺则直接影响农业、工业和日常生活的用水需求，进一步加剧了全球性的资源争夺和地区冲突。

在此背景下，国际合作显得尤为重要。国际合作能够集聚各国资源和智慧，共同应对这些全球性挑战。通过联合国环境规划署、气候变化框架公约等国际组织和协定，各国能够分享信息、协调政策，形成全球共识，制定并实施有效的应对措施。例如，《巴黎协定》就是全球合作的典范，通过各国共同承诺减排目标，为全球气候治理提供了强有力的支持。

（二）引进先进技术和管理经验

国际合作为我国引进先进的环保技术和管理经验提供了宝贵的平台。发达国家在环境保护方面积累了丰富的技术和管理经验，这些经验对于正在快速发展的中国而言，具有重要的借鉴意义。通过学习和借鉴其他国家的成功经验，我国可以更高效地解决自身的环境问题。

例如，在空气污染治理方面，我国通过与欧洲国家的合作，引进了先进的污染监测和治理技术，使大气污染防治工作取得了显著成效。在水资源管理方面，通过与以色列等国家的合作，我国学到了先进的节水灌溉技术，有效缓解了水资源短缺的问题。此外，通过与日本等国的垃圾处理技术合作，我国在城市垃圾分类和处理方面也取得了长足进步。这些技术和管理经验的引进，为我国的环境保护工作提供了有力支持，加速了环保事业的发展进程。

（三） 提升国际形象与地位

通过积极参与国际环保合作，我国展现了负责任大国的形象，提升了国际地位和影响力。在全球环境治理中，我国不仅积极履行国际义务，还主动倡导并参与一系列国际环保合作项目，这些举措不仅有助于国际社会对我国环保努力的认可，还能促进我国在全球环境治理中的话语权。

（四） 促进经济和社会发展

环境保护与经济社会发展密切相关，通过国际合作，我国可以在环境保护的同时，促进经济和社会的可持续发展，实现绿色增长。绿色经济是未来发展的重要方向，通过引进国际先进的绿色技术和管理模式，我国可以有效地推动产业转型升级，促进绿色产业的发展。

例如，通过与欧洲国家在可再生能源领域的合作，我国大力发展风能、太阳能等清洁能源产业，不仅减少了对化石能源的依赖，还创造了大量的就业机会，推动了经济发展。同时，通过与国际组织在环境教育和公众参与方面的合作，提高了公众的环保意识，促进了社会的可持续发展。

二、我国环保传播进行国际合作的途径

（一） 加入国际环保组织

我国积极加入多个国际环保组织，包括联合国环境规划署（UNEP）、世界自然基金会（WWF）等。通过参与这些组织的活动和项目，我国能够在全球环境治理的制定和实施中发挥重要作用。例如，作为联合国环境规划署的成员国，我国积极参与全球环境议程的制定，并通过该平台与其他国家分享经验、协调行动。世界自然基金会则为我国提供了宝贵的资源和技术支持，帮助我国更好地保护生物多样性和生态系统。

（二） 签署国际环境条约

我国签署并履行了《巴黎协定》《生物多样性公约》《蒙特利尔议定书》等多个国际环境条约，展现了我国在全球环境治理中的责任与担当。我国承诺到 2030 年将碳排放达到峰值，这一承诺不仅推动了我国国内的能源结构转

型和低碳发展，还为全球应对气候变化提供了积极的示范作用。此外，为推动碳中和转型，2023 年 9 月，《2023 全球碳中和年度报告》系统评价了全球 197 个国家在碳中和承诺、低碳技术、气候投融资、国际气候合作等方面的进程。

《生物多样性公约》要求各签约国保护生物多样性、可持续利用生物资源。我国通过这一公约，实施了一系列保护措施，如建立自然保护区、开展生物多样性监测等，有效保护了国内的生物多样性。《蒙特利尔议定书》则促使我国淘汰了大量消耗臭氧层物质，减少了对大气层的破坏。

（三）开展双边和多边合作

我国通过双边和多边合作，与多个国家和地区在环境保护领域展开广泛合作。例如，中美在大气污染防治、清洁能源开发等方面开展了深度合作，通过技术交流和联合研究，有效减少了两国的大气污染排放。中欧之间则通过"中欧环境合作平台"，在水资源管理、循环经济等领域进行了卓有成效的合作，推动了双方环境技术和管理水平的提升。

此外，我国还与日本在固体废弃物处理和资源再利用方面进行了广泛合作。通过学习日本的先进经验，我国在垃圾分类、回收利用等方面取得了显著进展，有效减少了垃圾填埋和焚烧的环境污染。

（四）引进和输出环保技术

通过国际合作，我国积极引进先进的环保技术和设备。同时，我国也向其他发展中国家输出环保技术和经验，帮助其提高环境治理能力。例如，在非洲国家，我国通过援助项目，向其提供了太阳能发电设备和技术，帮助其解决能源短缺和环境污染问题。

（五）举办和参与国际会议

我国积极举办和参与各类国际环境会议，如气候变化大会、世界环境日活动等。这些会议为我国提供了分享环保经验、交流治理成果的平台。例如，在每年的联合国气候变化大会上，我国不仅展示了国内在应对气候变化方面的努力和成就，还积极倡导国际合作，推动全球应对气候变化的行动。

三、我国环保传播进行国际合作取得的效果

(一) 环境质量提高

通过国际合作，我国在空气污染防治、水资源保护、土壤修复等方面取得了显著成效。以北京市为例，在与欧盟的合作下，引进了先进的空气质量监测和治理技术，空气质量显著提高。北京市通过实施一系列严格的污染控制措施，如淘汰高污染车辆、推广清洁能源汽车、加强工业污染治理等，空气中的 PM2.5 浓度大幅下降，蓝天白云的天数明显增加。

在水资源保护方面，通过与丹麦等国家的合作，我国引进了先进的污水处理技术，有效提高了污水处理能力和水质。各地城市的河流和湖泊水质得到了显著改善，水体透明度和生态系统健康状况明显提升。

(二) 技术水平提升

通过引进先进技术和管理经验，我国的环保技术水平得到了显著提升。例如，在固体废弃物处理和资源再利用方面，通过与德国的合作，我国学习了德国先进的垃圾分类和回收利用技术，使城市垃圾处理效率大幅提高，资源再利用率显著提升。此外，我国还通过与瑞典在可再生能源领域的合作，大力发展风能、太阳能等清洁能源产业，推动了能源结构的绿色转型。

(三) 政策与法规完善

借鉴国际经验，我国制定和实施了一系列环境保护法律法规，为环境治理提供了法律保障。例如，《环境保护法》的修订借鉴了欧美国家的先进经验，强化了环境保护的法律责任和惩罚机制。《大气污染防治法》则通过借鉴日本的经验，制定了严格的排放标准和监测制度，有效控制了工业和交通领域的污染排放。

第六章　环保传播在实现绿色低碳目标中面临的挑战及应对策略

随着全球气候变化日益严峻，实现绿色低碳目标成为各国应对环境危机的重要任务。环保传播在实现这一目标过程中起到了至关重要的作用，如提高公众环保意识、推动政策落实和促进社会参与。然而，环保传播在实现绿色低碳目标的过程中也面临诸多挑战。本章将具体探讨这些挑战存在于哪些方面，并找到解决方案，以期为环保传播在实现绿色低碳目标中的应用提供参考。

第一节　环境信息传播的不对称性

环境信息传播的对称性是指信息在传播过程中，能够实现信息源与受众之间的相互交流和理解，确保信息的双向流动和透明公开。这种对称性在环保传播中具有重要意义。

对称性有助于提高公众的环保意识和参与度。通过双向沟通，公众能够获取准确、全面的环境信息，理解环境问题的严重性和紧迫性，从而增强公众参与环保活动的积极性。环境信息传播的对称性能够建立信任关系，减少信息误差和不确定性，促进公众对环保政策和措施的理解和支持。

一、信息获取的渠道有限

我国目前在环保传播实践中，在环境信息的发布渠道方面已经取得了很大进展，但在一些偏远地区，公众获取环境信息的渠道依然有限，导致信息传播的不均衡。这种信息获取渠道的不均衡导致了城市与偏远地区环保意识的差距，影响了整体环保传播效果。

（一）环境信息传播的不对称性的表现

城市地区的信息传播渠道相对丰富，居民可以通过多种媒体获取环境信息。例如，北京、上海等大城市的居民可以通过电视节目、广播电台、报纸、社交媒体、官方网站等多种渠道，及时了解政府发布的环保政策、最新的环境新闻以及科学的环保知识。这些信息传播渠道不仅覆盖面广，而且信息更新迅速，能够满足公众对环保信息的需求。

相比之下，偏远地区的信息传播渠道则相对有限。这些地区的居民由于缺乏互联网接入或互联网速度较慢，无法及时获取最新的环境信息。此外，电视和广播等传统媒体在这些地区的覆盖范围有限，一些重要的环境信息无法及时传递给当地居民。由于信息获取渠道的局限性，这些地区的居民往往缺乏基本的环保知识，对环境问题的认识不足，难以形成有效的环境保护意识和行动。

（二）环境信息传播不对称性问题的解决途径

1. 利用多种媒体渠道传播

利用多种媒体渠道传播环保信息是解决信息传播差距的重要策略。通过电视、广播、报纸、社交媒体和移动应用等多种媒体渠道，形成立体型的传播网络，能够广泛传播环保信息，覆盖不同年龄层和不同区域的公众，确保信息传播的全面性和有效性。这对于弥合城乡差距，提升全社会的环保意识具有重要意义。

（1）电视和广播

电视和广播是传统且覆盖面广的媒体渠道，尤其在偏远地区仍然是主要的信息来源。根据 2024 年 5 月 8 日国家广播电视总局发布《2023 年全国广播电视行业统计公报》显示，截至 2023 年底，全国广播节目综合人口覆盖率 99.71%，电视节目综合人口覆盖率 99.79%，分别比 2022 年提高了 0.06 和 0.04 个百分点。乡村广播节目综合人口覆盖率 99.59%，乡村电视节目综合人口覆盖率99.72%，分别比2022年提高了0.10和0.07个百分点。[1]

对农广播节目制作时间141.70万小时，同比下降0.96%；播出时间431.39万小时，同比下降2.90%。对农电视节目制作时间64.79万小时，同比下降3.61%；播出时间390.58万小时，同比下降7.79%。《"三农"长短说》《新时代农机手》《超级农人秀》《"村BA"乡村篮球全国挑战赛》等"三农"题材节目，展现新时代乡村振兴的生动实践。[2]

我们要充分利用广播电视媒体来多制作和播放环保节目和专题报道，多制作精品节目，向广大偏远地区传递环保信息。例如，《绿水青山看中国》在中央电视台综合频道、中央电视台科教频道播出，通过益智类节目的形式，向观众传递环保和文化知识。四集生态环保系列片《美丽中国》在央视综合频道播出，通过反映水源地保护、水体治污、近海生态保护、水流域综合整治等方面，展示我国治水成就和工业时代的大气污染问题。这些节目不仅丰富了观众的环保知识和体验，也通过艺术和教育的形式，提高了公众对环保议题的关注度和参与度。

（2）报纸

尽管数字媒体日益普及，报纸在一些农村地区仍然具有重要地位。许多农村居民习惯于通过地方报纸获取信息。主流报纸如《人民日报》《光明日报》，地方报纸如《北京日报》《广州日报》等，常设环保专栏和专题报道，能够深入探讨环境问题，宣传环保政策和措施。专业类环境报纸则包括《中国环境报》和《世界环境报》。而这些报纸的发行范围主要集中于城市及周边乡镇，偏远地区的居民则看不到。今后，我们要推广这些报纸的发行范围，争取能够抵达偏远地区，确保这些地区的居民能够通过报纸的环保栏目来了解环境信息，以解决城乡信息差的问题。

（3）网络媒体

网络媒体在偏远地区开展环保传播，首先需要确保传播内容的针对性和

---

① 央视网.2023年全国广播电视和网络视听行业总收入14126.08亿元同比增长13.74% ［EB/OL］.（2024-05-09）. http://tradeinservices. mofcom. gov. cn/article/wenhua/ rediangz/202405/163670. html.

② 央视网.2023年全国广播电视和网络视听行业总收入14126.08亿元同比增长13.74% ［EB/OL］.（2024-05-09）. http://tradeinservices. mofcom. gov. cn/article/wenhua/ rediangz/202405/163670. html.

可接受性。对于偏远地区而言，地方特色和具体环境问题是关键。因此，网络媒体应结合当地的环境实际情况，制作贴近生活、通俗易懂的内容。例如，中央电视台（CCTV）和新华社的新闻报道中曾介绍贵州省从江县的环境保护工作，通过展示当地的自然风光和生态保护措施，增强居民的环保意识。此外，通过图文并茂的方式介绍环境保护知识，解释当地环境问题的成因及其影响。例如，人民日报客户端推出的专题报道"守护青山绿水"中，通过照片和简洁的文字，详细介绍了甘肃省祁连山国家公园的生态修复工作。

内容的多样化也是重要策略之一。除了文字报道，网络媒体还可以利用视频、音频、短片、动画等多种形式传播环保知识。例如，优酷和腾讯视频等视频网站可以制作环保科普短片，通过生动形象的动画和现场采访，讲解水资源保护、森林防护等知识。这种多样化的内容形式，不仅能够吸引更多的受众关注，还能够提升传播效果。

在栏目设计上，网络媒体可以专门开设环保专题栏目，定期更新相关内容。例如，新浪网的"环保频道"和腾讯新闻的"绿色地球"栏目，均定期发布与环保相关的新闻、科普文章和专家访谈。通过这些栏目，偏远地区的居民可以了解最新的环保政策和科技动态，掌握实用的环保技巧。

此外，网络媒体可以结合地方实际情况，开设地方特色环保栏目。例如，在四川凉山地区，针对当地的森林防火和水土保持问题，媒体可以开设专题栏目，邀请环保专家和当地干部，通过视频访谈、在线讲座等形式，向居民传授相关知识和技能。同时，通过设置互动环节，如在线问答、意见征集等，增强居民的参与感和互动性。例如，凤凰网在其"绿色中国"栏目中，设置了"我为环保出点子"的互动环节，鼓励用户分享自己的环保建议和经验。

（4）社交媒体

社交媒体在城市和年轻群体中非常普及，在农村地区也逐渐渗透。2023年8月16日，腾讯公布了2023年Q2财报，微信及WeChat的合并月活跃账户数为13.27亿，① 其中相当一部分来自农村地区。社交媒体具有传播速度

---

① 腾讯公布2023年Q2财报微信及WeChat月活跃账户超13亿［EB/OL］.（2023-08-16）.https://www.dsb.cn/news-flash/122503.html.

快、覆盖面广、互动性强等特点，能够迅速将环保信息传递到偏远地区的各个角落。例如，微信、微博等平台可以通过推送消息、视频直播等方式，让偏远地区的居民及时了解环保动态和政策。通过社交媒体，环保信息不再局限于传统媒体的传播渠道，能够以更快的速度、更广的范围触达目标受众。

政府和环保组织通过微信、微博、抖音等平台发布环保信息，可以快速覆盖到广大的农村用户。

微信平台的应用：微信作为我国最广泛使用的社交媒体平台之一，其"公众号"和"朋友圈"功能在环保传播中发挥了重要作用。例如，"绿色中国"微信公众号通过发布环保科普文章、实时推送环保新闻，定期组织线上环保讲座和线下环保活动，增强了偏远地区居民的环保意识。此外，微信的"朋友圈"功能允许用户分享环保信息、照片和视频，形成一股环保舆论潮流，推动居民参与环保活动。

微博平台的互动性：微博以其强大的互动功能和广泛的用户基础，为环保传播提供了良好的平台。例如，生态环境部官方微博通过发布环境监测数据、环保政策解读、环保知识普及等内容，与广大网友进行互动。同时，通过微博话题和标签功能，如"保护母亲河""绿色家园"等话题，可以发起环保讨论，引导公众关注环保议题，形成舆论热点。例如，青海省生态环境部门在微博上发起的"保护三江源"话题，吸引了大量网民的关注和参与，增强了公众的环保意识。

短视频平台的影响力：抖音和快手等短视频平台通过生动有趣的视频内容，能够直观、生动地传播环保知识。例如，抖音平台上有很多关于垃圾分类、生态保护的短视频，通过简短的时长和有趣的内容，吸引了大量用户的关注和参与。尤其是在偏远地区，通过本地用户拍摄和分享的环保视频，可以展示当地的环保活动和成果，激发更多居民的环保热情。例如，四川凉山州的某位用户在快手上发布的"守护大山"系列视频，展示了当地居民在森林保护中的努力，引起了广泛关注和支持。

社交媒体还可以通过多种创新举措，进一步提升偏远地区的环保传播效果。例如，通过线上线下结合的方式，社交媒体可以组织"环保打卡"活动，鼓励居民在环保地标拍照打卡，分享环保故事和经验。此外，通过社交媒体平台的公益项目，如"腾讯公益"的环保项目筹款活动，可以为偏远地区的环保事业筹集资金，支持更多的环保活动。

（5）移动应用

移动应用具有便捷性、实时性和互动性强的特点，能够有效解决偏远地区信息传播的"最后一公里"问题。通过智能手机，偏远地区的居民可以随时随地获取环保信息、参与环保活动、分享环保成果，从而提升他们的环保意识和参与度。

移动应用的普及为解决城乡环保信息传播差距提供了新的路径。近年来，各种环保主题的移动应用不断涌现，如垃圾分类指南、绿色出行等。这些应用不仅在城市用户中广受欢迎，也逐渐被农村用户接受和使用。例如，针对当前环保行政执法和环境管理与群众投诉不相适应的状况，上海市开通了环保应急热线 021-62863110，即"环保110"。未来，电话号码将简化为 63110（"绿色 110"的谐音）。这是全国环保系统中首个"环保110"。随着环保力度的加强，全国各地将先后推行环保应急热线。[①]"环保110"是一款专注于环境举报和环保信息查询的移动应用，用户可以通过该应用举报环境违法行为，查询环境质量数据，参与环保公益活动。各大城市推出的垃圾分类应用，如"随手拍垃圾分类"，帮助农村居民了解和参与垃圾分类。

环保科普类应用通过生动有趣的方式向用户传递环保知识。例如，"绿行者"是一款专注于环保知识普及和环境监测的应用。用户可以通过该应用了解最新的环保政策、学习环保知识，并参与环保活动。在偏远地区，这类应用可以结合本地的环境问题，推送相关的环保知识和建议，帮助居民更好地理解和应对环境挑战。例如，针对新疆地区的沙漠化问题，该应用可以推送防风固沙的科普文章和视频，指导居民开展植树造林活动。

移动应用还可以作为环保监测和反馈的平台。例如，"蓝天卫士"应用允许用户实时查看空气质量、水质等环境数据，并通过拍照和文字描述上传环境问题报告。这种方式不仅增强了居民对环境的关注，还使生态环境部门能够及时掌握并解决环境问题。在云南省的偏远山区，"蓝天卫士"应用通过居

---

① https：//baike.so.com/doc/1987677-2103559.html.

民上传的污染照片，成功帮助当地生态环境部门发现并处理了多起非法采矿案件，维护了当地的生态环境。

社区互动类应用通过建立虚拟社区，鼓励居民分享环保经验、组织环保活动。例如，"绿色家园"应用提供了社区讨论区、活动发布和报名等功能，用户可以在平台上讨论环保话题，分享节能减排的小技巧，并组织或参与环保志愿活动。在贵州省的一个小山村，通过"绿色家园"应用，当地居民成功组织了一次清理河道的环保活动，得到了村民们的积极响应和参与，显著改善了村庄的环境卫生。

移动应用还可以通过创新的功能和服务，进一步提升偏远地区的环保传播效果。例如，通过游戏化设计，应用可以增加环保知识问答、环保任务打卡等功能，激励用户持续参与和学习。此外，通过与电商平台合作，环保应用可以推出环保产品推荐和优惠购买服务，鼓励居民选择绿色生活方式。

移动应用在偏远地区的环保传播中，展现出巨大的潜力和优势。通过环保科普、环保监测与反馈、社区互动与行动等多种类型的应用，环保信息得以迅速传播到偏远地区，增强居民的环保意识和行动力。同时，通过创新的功能和服务，移动应用能够有效提升环保传播的效果，助力偏远地区的生态文明建设。随着移动互联网技术的不断发展，移动应用将在环保传播中发挥重要的作用，为实现绿色低碳的美丽中国贡献力量。

2. 加强信息基础设施建设力度

（1）偏远地区信息基础设施建设滞后的原因

在一些偏远地区，广播电视及网络覆盖率低，信息传递速度慢，导致环境信息无法及时传递给公众。

其原因在于某些地方在观念层面对农业信息化基础设施建设重视不足，所以对其的资金支持力度不大，这不仅造成农业信息化基础设施较为薄弱，农业信息难以延伸至"农户"，也使农业信息化网络和新型农业信息传播体系缺乏深层次合作，计算机设备的利用率偏低，农业信息化发展缓慢。①

同时农业信息化基础设施集成化、专业化程度不高，部分地区的农业信

---

① https：//www.xing528.com/lilun/1018213.html.

息化基础设施建设还处于初级阶段，主要致力于交通、邮电、通信等基础设施建设，而对高新农业信息化技术，如地理信息系统、遥感技术、计算机控制技术以及现代生物技术、信息技术、工程技术等所需的基础设施建设投入不够，以致无法满足现代农业对基础设施建设的现实需求。①

截至 2023 年 12 月，我国城镇网民规模达 7.66 亿人，占网民整体的 70.2%；农村网民规模达 3.26 亿人，占网民整体的 29.8%。我国城镇地区互联网普及率为 83.3%，较 2022 年 12 月提升 0.2 个百分点。②

截至 2023 年 12 月，我国非网民规模为 3.17 亿人，较 2022 年 12 月减少 2688 万人。从地区来看，我国非网民仍以农村地区常住人口为主，农村地区非网民占比为 51.8%，高于城镇地区 3.5 个百分点。③ 因此，我们要进一步加大偏远地区网络基础设施建设，解决偏远地区群众上网问题。

（2）加强偏远地区信息基础设施建设

政府和社会各界需要加大对偏远地区信息基础设施的投入，提升网络覆盖率和信息传播速度。可以通过建设更多的信息接入点、提供免费或低成本的互联网服务等方式，改善偏远地区的信息获取条件，缩小城乡之间的数字鸿沟。

2023 年，《数字乡村发展战略纲要》《数字乡村发展行动计划（2022－2025 年)》等政策文件实施，农村网络基础设施建设纵深推进，各类应用场景不断丰富，促进农村互联网普及率稳步增长。④

一是农村网络基础设施持续完善。工业和信息化部深入推进电信普遍服务、"宽带边疆"建设等工作，不断提升农村及偏远地区通信基础设施供给能力。截至 2023 年底，全国农村宽带用户总数达 1.92 亿户，全年净增 1557 万户，比上年增长 8.8%，增速较城市宽带用户高 1.3 个百分点。5G 网络基本实现乡镇级以上区域和有条件的行政村覆盖。⑤

二是农村互联网应用场景持续拓展。新业态、新模式、新场景成为进一

---

① https：//www.xing528.com/lilun/1018213.html.
② http：//www.dvbcn.com/p/145049.html.
③ http：//www.dvbcn.com/p/145049.html.
④ http：//www.dvbcn.com/p/145049.html.
⑤ http：//www.dvbcn.com/p/145049.html.

步繁荣农村经济、促进农民增收的重要抓手。我国农村电子商务稳步发展，全年农村网络零售额达 2.49 万亿元。"5G+智慧文旅"有效带动农村消费，提升农民收入。如贵州西江千户苗寨依托 5G 网络实现信息服务集成，便利游客出行。2023 年春节期间，西江千户苗寨实现旅游综合收入 1.4 亿元，同比增长 532.5%。①

"宽带中国"项目便是我国为了解决信息基础设施建设问题采取的有效策略。

2013 年 8 月 17 日，国务院发布了"宽带中国"战略实施方案，部署未来 8 年宽带发展目标及路径，意味着"宽带战略"从部门行动上升为国家战略，宽带首次成为国家战略性公共基础设施。②

"宽带中国"提出了两个阶段性发展目标，即：到 2015 年，基本实现城市光纤到楼入户、农村宽带进乡入村，固定宽带家庭普及率达到 50%，第三代移动通信及其长期演进技术（3G/LTE）用户普及率达到 32.5%，行政村通宽带比例达到 95%，学校、图书馆、医院等公益机构基本实现宽带接入；城市和农村家庭宽带接入能力基本达到 20Mbps 和 4Mbps，部分发达城市达到 100Mbps；宽带应用水平大幅提升，移动互联网广泛渗透；网络与信息安全保障能力明显增强。到 2020 年，宽带网络全面覆盖城乡，固定宽带家庭普及率达到 70%，3G 用户普及率达到 85%，行政村通宽带比例超过 98%；城市和农村家庭宽带接入能力分别达到 50Mbps 和 12Mbps，发达城市部分家庭用户可达 1Gbps；宽带应用深度融入生产生活，移动互联网全面普及；技术创新和产业竞争力达到国际先进水平，形成较为健全的网络与信息安全保障体系。③

"宽带中国"项目自 2013 年启动以来，显著提升了我国信息基础设施建设水平，尤其在偏远和农村地区的互联网普及方面发挥了关键作用。通过大规模的网络建设和升级，项目实现了广泛的宽带覆盖，有效缩小了城乡之间的信息鸿沟。

对于环保传播而言，"宽带中国"项目的实施极大地改善了偏远地区的信

---

① http：//www.dvbcn.com/p/145049.html.

② https：//baike.so.com/doc/6291540-6505045.html.

③ https：//baike.so.com/doc/6291540-6505045.html.

息获取渠道。以往这些地区由于信息基础设施落后，居民难以接触到及时、全面的环保信息，导致环保意识和知识水平相对较低。项目的推进使这些地区的居民能够通过互联网接触到各种环保信息、新闻、科普文章和在线教育资源，从而提升了他们的环保意识和参与度。

此外，"宽带中国"项目还促进了环保教育的普及。通过互联网，学校和社区可以更方便地获取环保教育资源，组织在线环保课程和活动。各类环保组织也能利用网络平台开展线上宣传和教育工作，扩大了环保信息的传播范围。

3. 增强社区组织和基层宣传力度

在偏远地区，社区组织和基层宣传也是重要的信息传播渠道。然而，由于资源和人力的限制，这些地区的社区组织和基层宣传活动相对较少，环保信息的传播效果不佳。在一些农村地区，村委会和社区组织的环保宣传活动频率低，形式单一，难以吸引居民的关注和参与。

为此，政府和环保组织可以加强对基层宣传活动的支持，鼓励社区组织开展多样化的环保宣传活动。例如，可以通过组织环保讲座、发放环保宣传材料、播放环保影片等方式，增强居民的环保意识。同时，可以利用乡村集市、文化活动等场合，开展环保宣传，使环保信息更加贴近群众，提升传播效果。

政府也可以大力建设农村社区信息中心，在农村地区建设社区信息中心，提供环保信息的获取和传播服务。社区信息中心可以配置电脑、互联网接入、环保书籍和宣传资料，并定期举办环保讲座和培训活动。

二、环保传播信息内容复杂

（一）环保知识的复杂性

环境保护涉及的知识范围广泛，涵盖了自然科学和社会科学等多个方面。例如，气候变化涉及气象学、物理学和化学等自然科学知识，而可持续发展则需要综合考虑经济学、社会学和环境科学等多个学科的理论和实践。普通公众在面对这些复杂的知识时，往往难以全面理解和掌握，导致环保意识难以真正深入人心。

为了提高公众对环保知识的理解和掌握，可以通过简化和通俗化传播内容的方式，使复杂的环保知识变得更加易懂。例如，利用图解、动画和短视频等形式，将复杂的科学原理和政策法规转化为生动有趣的内容，帮助公众更好地理解和接受。例如，抖音平台上的一些环保方面的账号，利用动画和短视频的形式，生动地讲解了气候变化的原因和影响，受到广大网友的欢迎和好评。此外，一些环保组织也利用社交媒体发布科普图解，如绿色和平组织（Greenpeace）通过微博发布的"气候变化小知识"系列图解，简明扼要地解释了气候变化的基本概念和应对措施，吸引了大量关注和转发。

在实际操作中，环保机构和媒体可以合作制作系列科普节目，如央视的《焦点访谈》曾推出的"环保中国"专题，通过专家访谈、实地拍摄和案例分析等多种形式，深入浅出地介绍了我国在环境保护方面的政策和成就。通过这些努力，复杂的环保知识可以变得易于理解，帮助公众在轻松愉快的氛围中获得知识，提高环保意识。

（二）信息传播的专业性不足

在环保传播过程中，信息传播的专业性也是一个重要问题。一些环保信息的发布者缺乏专业背景，无法准确传达科学的环保知识，导致信息传播效果不佳。例如，一些媒体在报道环保新闻时，往往存在夸大事实或片面解读的情况，使公众对环保问题产生误解。

为了解决这一问题，环保传播需要更多的专业人士参与，包括环境科学家、传播学者和政策专家等。他们可以通过撰写科普文章、参与电视节目、开设公众讲座等方式，将专业的环保知识传达给公众，提高信息传播的准确性和专业性。例如，科学院生态环境研究中心的专家曾多次参与央视的《新闻联播》《新闻调查》等节目，向公众解释环境政策和科技成果，增强了信息的权威性和可信度。

此外，媒体可以邀请专业人士作为常驻评论员，定期撰写专栏文章或参与电视和网络节目的讨论。例如，《人民日报》在环保专栏中邀请了多位知名环境科学家和政策专家，撰写关于环保热点问题的评论文章，为公众提供科学、准确的信息来源。在网络平台上，一些知名的环保自媒体账号，由专业的环境科学家和研究人员运营，定期发布高质量的环保科普文章，深受读者欢迎。

（三）环保教育的缺失

环保教育是提高公众环保意识的重要途径。然而，当前我国的环保教育体系尚不完善，许多学校和教育机构在环保教育方面的投入不足。学生在学校中接受到的环保教育内容较少，缺乏系统的环保知识和实践经验。这导致许多青少年在成长过程中缺乏环保意识，难以形成良好的环保行为习惯。

社会各界也可以通过公益讲座、社区活动等方式，开展面向不同年龄段和职业群体的环保教育，提升全社会的环保意识。例如，上海市环保局联合社区组织开展了"环保进社区"活动，通过环保知识讲座、垃圾分类培训和环保体验活动，提高了社区居民的环保意识和实际操作能力。此外，一些环保组织和企业也积极参与环保教育活动，如阿里巴巴集团的"绿色行动计划"，通过线上环保知识竞赛和线下环保公益活动，吸引了大量年轻人的参与和关注。

通过加强环保教育，全面提升公众的环保意识和行动力，可以为我国的生态文明建设提供坚实的社会基础和人才支持。未来，需要更多的社会力量参与到环保教育中来，共同推动环保意识的普及和深化。

第二节　公众环保意识的薄弱

环境保护和绿色低碳的发展需要全社会的共同努力，而公众的环保意识在其中扮演着至关重要的角色。尽管近年来环保传播力度不断加大，公众的环保意识有了一定提升，但整体来看，公众的环保意识仍然较为薄弱。本节将从公众环保意识薄弱的表现及解决方案两个方面进行深入分析。

一、公众环保意识薄弱的表现

（一）环保行为与意识脱节

尽管部分公众具备一定的环保意识，但在实际生活中，环保行为和生活习惯仍然难以改变。例如，一些人知道垃圾分类的重要性，但在实际操作中，仍然习惯于将垃圾混合投放，认为垃圾分类麻烦，缺乏主动性。这种现象在大城市尤为明显，虽然垃圾分类设施齐全，但居民的实际执行率却不高。北京市在推广垃圾分类时，发现一些社区居民虽然知道如何分类，但由于分类垃圾桶位置不便、分类知识不全等原因，在实际操作时往往选择"图省事"而混合投放。为了解决这一问题，政府和社区可以通过加强宣传教育、简化垃圾分类流程、提供更便捷的分类设施来提高居民的参与度。例如，上海市通过在社区内设置"智能垃圾分类回收箱"，不仅方便居民分类投放，还能通过积分奖励机制鼓励居民积极参与，从而逐步改变居民的生活习惯。

（二）环保消费观念淡薄

环保消费是指消费者在消费过程中关注产品的环境影响，选择低碳、环保的产品。然而，许多公众在购物时，更多考虑的是价格和品牌，而忽视产品的环保性能。例如，部分人群在选购家电时，更倾向于选择价格便宜的高能耗产品，而不是价格较高的节能产品。这样的消费观念不仅影响了环保产品的市场推广，还加剧了环境压力。在实际生活中，低碳、环保产品的宣传和推广力度不足，也是导致这一现象的重要原因。例如，节能电器、绿色建材等环保产品在市场上的宣传往往局限于特定的销售渠道，普通消费者难以全面了解其优势和长远的经济效益。为了解决这一问题，可以通过政府补贴、税收优惠等政策，降低环保产品的价格，鼓励消费者购买。此外，企业和媒体也应加大对环保产品的宣传力度，通过展示其环保性能和使用效果，改变消费者的购买观念。例如，苹果公司通过在产品发布会上详细介绍其环保材料的使用和产品的可持续发展理念，成功吸引了大量关注环保的消费者，促进了环保消费观念的普及。

（三）环保参与度低

环保参与度是指公众参与环保活动和环保组织的积极性和频率。尽管近年来环保组织和环保活动不断增多，但公众的参与度仍然较低。例如，一些环保志愿者活动和公众听证会的参与人数有限，许多公众对环保活动缺乏兴趣和热情。这种现象在偏远地区尤为明显，虽然环保活动和政策宣传逐渐普及，但由于生活节奏和文化背景的不同，公众的参与积极性仍然较低。在城市中，环保活动的宣传和组织方式也存在一定问题，许多活动形式单一，缺乏创新，难以吸引公众参与。为了解决这一问题，可以通过多样化的活动形式和创新的宣传手段，提升公众的参与热情。例如，在社区内组织环保嘉年华、环保马拉松等活动，通过有趣的互动和丰厚的奖品，吸引更多居民参与。此外，政府和环保组织可以利用社交媒体平台，发布环保活动信息和参与指南，扩大活动的影响力和参与度。例如，北京市环保局通过微信公众平台发布"环保志愿者招募令"，并设置线上报名和任务发布系统，大大提高了环保志愿活动的参与人数和活动效果。

（四）对环境问题的关注度不足

尽管媒体报道了许多环境问题，但少数公众对这些问题的关注度仍然不足。一些人对环境问题的了解仅停留在表面，缺乏深入的认识和理解。例如，在面对空气污染、水污染等问题时，许多人只是简单地抱怨，而没有采取实际行动来改善环境。这种现象在信息传播不畅和教育不足的地区尤为明显，许多居民对环境问题的严重性和自身行动的重要性缺乏足够的认识。在部分城市，虽然环境问题频发，但公众往往只是在社交媒体上表达不满，缺乏实际的行动和参与。对此，学校和社区可以定期组织环保讲座和实践活动，通过案例分析和现场体验，使公众深刻认识到环境问题的严重性和紧迫性。此外，媒体也应加大对环境问题的深度报道，通过调查报告和专题节目，揭示环境问题背后的原因和解决方案，激发公众的环保热情和行动力。例如，央视的《焦点访谈》栏目曾多次深入报道水污染和土壤污染问题，通过详细的数据和现场采访，揭示问题的根源和解决途径，推动了公众的广泛关注和讨论。

二、增强公众环保意识的途径

（一）加强环保教育

环保教育是提高公众环保意识的基础。应在基础教育阶段增加环保知识的内容，通过教材编写、课外活动和实践项目等方式，使学生从小就了解环保的重要性，掌握基本的环保知识和技能。例如，可以在小学开设"环境与自然"课程，通过生动的课堂讲解和有趣的实验活动，帮助小学生理解环境保护的基本概念和实际操作方法。此外，中学和大学可以设立环保社团和研究项目，鼓励学生深入探讨环境问题，参与实际的环保活动，如植树造林、河道清理等。

案例：德国的环保教育

德国的环保教育体系较为完善，从幼儿园到大学，各个教育阶段都设置了丰富的环保课程和活动。例如，小学生可以通过环保主题的实验和游戏，了解节约用水、垃圾分类等基本的环保知识。中学生则通过参与环保项目，学习能源节约、可再生能源等专业知识。此外，德国的大学还设有环境科学和可持续发展相关的专业，培养高素质的环保人才。这种系统的环保教育不仅提高了学生的环保意识，还培养了他们的环保行为习惯，使其能够在日常生活中自觉地进行环保行为。

（二）提高环保宣传的实效性

环保宣传需要针对公众的需求和兴趣点，设计多样化的宣传形式。例如，可以通过短视频、动画、游戏等新媒体形式，将复杂的环保知识转化为生动有趣的内容，吸引公众的关注和参与。比如利用抖音、快手等短视频平台，发布环保知识小视频，生动地讲解环境保护的重要性和具体操作方法。此外，可以通过开发环保主题的手机游戏，让公众在娱乐中学习环保知识，增强环保意识。

可以利用社区活动、文化节等场合，开展环保宣传，使环保信息更加贴近群众。例如，在社区文化节中设立环保展台，展示环保产品和技术，组织环保知识问答和互动游戏，吸引社区居民的参与。同时，利用社区广播、海报和电子屏幕等多种媒介，传递环保信息，提高社区居民的环保意识和行动力。

案例：北京市的"绿色出行"宣传活动

北京市政府在推动"绿色出行"方面做了大量努力，通过一系列宣传活动提高公众的环保意识。例如，政府在地铁站、公交车站等公共交通枢纽的位置设置了大量宣传海报和视频，向公众传递绿色出行的重要性。同时，通过举办自行车骑行活动、低碳出行日等活动，鼓励公众选择公共交通、步行和骑行等低碳出行方式，有效提高了公众的环保意识和行为。此外，北京市还通过开发绿色出行手机应用，为市民提供实时的交通信息和低碳出行指南，方便市民选择环保的出行方式。

（三）改善环保行为与意识的脱节

为了缩小环保行为与意识之间的差距，可以通过制定激励措施，鼓励公众采取环保行为。例如，政府可以通过补贴、税收优惠等方式，鼓励公众购买节能产品和参与环保活动。例如，为购买电动汽车、节能家电的消费者提供补贴，降低他们的购买成本，促进绿色消费。此外，可以通过设立环保行为奖励机制，对积极参与环保活动的公众给予表彰和奖励，激发公众的环保热情。例如，设立"环保市民"称号，定期评选和表彰在环保方面表现突出的个人和家庭，鼓励更多的人参与环保活动。

案例：日本的环保行为奖励机制

日本在环保行为奖励方面做出了很多探索。例如，政府推出了"生态积分"计划，公众在购买节能家电、参加环保志愿者活动等环保行为中可以获得积分，这些积分可以用来兑换商品或享受税收优惠。例如，东京市民在购买节能电器时，可以获得一定数量的生态积分，这些积分可以在市内的商场、超市使用，享受购物折扣。此外，一些企业也通过内部的环保奖励机制，鼓励员工采取环保行为。例如，某些公司设立了"绿色员工"评选活动，对在节能减排方面表现突出的员工给予现金奖励或额外假期，这种激励机制不仅提高了公众的环保行为积极性，还有效推动了环保政策的落实。

（四）加强经济利益与环保利益的平衡

为了平衡经济利益与环保利益，可以通过制定和实施绿色经济政策，促进经济发展与环境保护的协调。例如，政府可以通过制定绿色产业扶持政策，鼓励企业发展低碳、环保产业。同时，可以通过设立绿色金融体系，为环保项目提供资金支持，推动绿色经济发展。例如，鼓励银行和金融机构开发绿色贷款和绿色保险，为环保项目提供低息贷款和风险保障，降低企业的融资成本，促进绿色产业的发展。

案例：我国的绿色金融体系

近年来，我国在绿色金融的发展方面取得了显著进展。政府通过设立绿色金融专项基金、发行绿色债券等方式，为环保项目提供资金支持。例如，中国银行发行了多期绿色债券，募集资金用于支持可再生能源、节能减排等环保项目。这种绿色金融体系不仅促进了环保产业的发展，还提高了公众对绿色经济的认知和支持。例如，一些地方政府通过设立绿色金融示范区，吸引了大量绿色产业项目和投资，推动了当地经济的绿色转型和可持续发展。

（五）提升公众参与度

为了提高公众对环保活动的参与度，可以通过多种方式激发公众的环保热情。例如，可以通过设立环保志愿者组织，组织公众参与环保活动和项目。同时，可以通过举办环保比赛、环保创意大赛等活动，激发公众的环保创新能力和参与热情。

案例：全球环境基金（GEF）的社区参与项目

GEF 在多个国家和地区开展了社区参与项目，通过组织社区居民参与环保项目，提高了公众的环保意识和参与度。例如，在印度，GEF 支持的社区参与项目帮助当地居民建立了社区环保组织，组织居民参与环境保护活动和培训，提高了社区的环境治理能力。此外，GEF 还在非洲、中南美洲等地开展了类似的项目，通过社区参与，推动了当地环境问题的解决和生态恢复。这种社区参与模式不仅增强了公众的环保意识，还提高了社区的环境治理水平，促进了环境保护和社区发展的有机结合。

（六）增强环境科技与传播的结合

环境科技的发展为环保传播提供了新的技术手段。例如，可以利用遥感技术、卫星监测等高科技手段，获取准确的环境数据，并通过互联网和移动应用向公众发布。这不仅提高了环境信息的准确性和及时性，还使公众能够更加直观地了解和参与环境保护。例如，开发基于卫星数据的空气质量监测应用，公众可以实时查询所在地区的空气质量状况，并根据提示采取防护措施。此外，可以通过虚拟现实（VR）、增强现实（AR）等技术，制作环保教育和宣传的互动内容，提高公众的参与度和学习效果。

案例："欧洲空气质量指数"平台

欧洲环境署利用卫星监测和遥感技术，建立了"欧洲空气质量指数"平台，向公众提供实时的空气质量数据。公众可以通过该平台查询到欧洲各地的空气质量情况，并通过手机应用获取实时空气质量预警信息。这种结合环境科技和传播的新模式，不仅提高了环境信息的透明度和准确性，还增强了公众的环境意识和参与度。例如，公众可以通过该平台了解到空气污染的主要来源和影响，采取相应的防护措施，同时也可以参与到空气质量提高的行动中来，例如减少汽车使用、支持绿色能源等。

第三节　绿色低碳技术推广的难度

绿色低碳技术是实现环境保护和可持续发展的关键手段。然而，在实际推广过程中，这些技术面临诸多挑战。本节将从绿色低碳技术推广难的原因、表现以及解决方案三个方面进行详细论述，以期为更好地推广绿色低碳技术提供参考。

一、绿色低碳技术推广难度大的原因

（一）技术成本高

绿色低碳技术的研发和应用往往需要较高的成本，这对企业和公众来说是一项重大的经济负担。具体表现为：

1. 新能源技术成本

以太阳能和风能为代表的新能源技术在研发和初期应用阶段需要投入大量资金。例如，太阳能电池板和风力发电设备的生产和安装成本较高。尽管这些技术在长期使用中可以带来显著的环境和经济效益，但初期的高成本使许多企业和家庭望而却步，限制了技术的普及。

太阳能技术的成本挑战：太阳能电池板的制造涉及复杂的半导体材料和工艺，这些材料和工艺成本较高。同时，太阳能电池板的安装也需要专业技术人员，增加了劳动力成本。尽管近年来太阳能电池的转换效率不断提高，成本也有所下降，但在一些地区，太阳能发电的初期投资依然较大。

风能技术的成本挑战：风力发电设备包括风力涡轮机、塔架、变电站和输电线路，这些设备的制造和安装成本较高。特别是海上风电，涉及海洋环境中的安装和维护，成本更为昂贵。

2. 高效节能技术成本

高效节能技术，如高效节能建筑材料、智能电网技术等，也面临同样的问题。这些技术虽然在长期使用中能够显著减少能源消耗和碳排放，但其初期投资较大，许多企业和家庭在购买和使用时面临经济压力，影响了其推广和应用。

高效节能建筑材料：如采用隔热性能优异的建筑材料可以显著降低建筑物的能耗，但这些材料的价格通常较高。一个典型的例子是双层玻璃窗，其隔热性能远优于单层玻璃，但成本也高出数倍。这种高效节能材料的初期成本，使许多房地产开发商和家庭在选择建筑材料时仍然倾向于较便宜的传统材料。

智能电网技术：智能电网技术的推广需要大规模的基础设施改造和更新，包括智能电表、传感器和通信网络的建设。虽然智能电网能够显著提高电网的运行效率和可靠性，但其初期投资巨大。例如，美国能源部估算，全面升级美国的电网为智能电网需要投入数千亿美元。

（二）技术适用性差

不同地区的环境条件和经济水平存在差异，一些绿色低碳技术在推广过程中难以适应当地的实际情况。具体表现为：

1. 区域差异

太阳能技术的区域适用性：在阳光充足的地区，太阳能发电效率较高，应用效果显著；但在阴雨天气较多的地区，太阳能技术的效果则大打折扣。例如，在西北地区的青海、新疆等地，日照时间长，太阳能资源丰富，适合大规模推广太阳能发电；但在华东地区，如江苏、浙江，由于阴雨天气较多，太阳能发电的效率和经济效益受到限制。

风能技术的区域适用性：风能技术在风力资源丰富的地区应用效果显著，但在风力资源较少的地区，推广和应用的难度较大。例如，欧洲北海沿岸地区风力资源丰富，适合大规模开发海上风电；但在一些内陆地区，风力资源较少，风力发电的经济效益较低。

2. 经济水平差异

经济发达地区：这些地区通常具备更好的基础设施和资金支持，能够较快接受和应用绿色低碳技术。例如，德国在推广可再生能源方面投入了大量资金，通过政府补贴和税收优惠政策，推动了太阳能和风能的快速发展。

经济欠发达地区：这些地区由于资金和技术资源有限，推广绿色低碳技术面临更大挑战。例如，在一些发展中国家和地区，由于缺乏必要的基础设施和资金支持，绿色低碳技术的应用受到限制。即使在一些城市，基础设施的改造和更新也需要大量的资金投入，而这些资金对于经济欠发达地区来说是一个重大负担。例如，非洲一些国家由于经济水平较低，虽然有丰富的太阳能资源，但因缺乏资金和技术，太阳能发电的推广困难重重。

（三）技术推广渠道不足

绿色低碳技术的推广需要完善的技术推广渠道，但在实际操作中，推广渠道的不足限制了技术的普及和应用。具体表现为：

1. 信息传播渠道不畅

许多创新的绿色技术由于缺乏有效的信息传播渠道，难以及时传递到广大用户手中。具体如下：

（1）宣传力度不够

一些先进的节能技术和环保产品在研发成功后，缺乏有效的宣传和推广手段，导致公众和企业对这些技术知之甚少。例如，一些新型节能建筑材料，如相变储能材料和超高效隔热材料，尽管具有显著的节能效果，但由于宣传力度不足，许多建筑公司和消费者对其缺乏了解，导致市场接受度低。

（2）媒体平台利用不足

目前，社交媒体、互联网和移动应用已经成为信息传播的重要平台，但许多绿色低碳技术的推广未能充分利用这些平台。例如，一些新能源技术和环保产品在开发后，仅通过专业杂志和学术会议进行宣传，未能在社交媒体和大众媒体上进行广泛推广，限制了其影响力和传播范围。

（3）信息传递速度慢

技术信息的传递速度也影响了绿色低碳技术的普及。许多技术创新者和企业在推广新技术时，面临信息传递缓慢的问题。例如，某些先进的废水处理技术在研发成功后，缺乏有效的信息传播渠道，导致技术信息未能及时传递到需要这些技术的企业和地方政府手中，影响了技术的实际应用和推广。

2. 技术服务支持不足

绿色低碳技术的推广不仅需要技术本身的研发和应用，还需要相应的技术服务支持。然而，许多地区缺乏专业的技术服务团队，无法为企业和公众提供有效的技术咨询和服务支持，限制了技术的推广和应用。具体如下：

（1）专业技术服务团队的缺乏

绿色低碳技术往往涉及复杂的科学原理和工程应用，需要专业的技术服务团队提供支持。然而，许多地区尤其是偏远和经济欠发达地区，缺乏足够的专业技术人员和服务团队，无法为企业和公众提供有效的技术支持。例如，在农村地区推广生物质能技术时，由于缺乏专业的技术人员，许多农民和地方企业无法获得有效的技术咨询和支持，影响了生物质能技术的推广和应用。

（2）技术培训和教育的不足

推广绿色低碳技术需要对相关人员进行系统的培训和教育，但目前许多地区在这方面的投入不足。例如，一些地区在推广太阳能发电技术时，未能为安装和维护人员提供足够的培训，导致技术在实际应用中出现问题，影响了公众对新技术的信任和接受度。

（3）技术支持网络的缺乏

一个有效的技术支持网络能够帮助用户在使用过程中解决各种问题，但目前许多绿色低碳技术缺乏这样的支持网络。例如，智能电网技术的推广需要一个强大的技术支持网络来帮助用户解决安装、调试和维护中的各种问题，但在一些地区，这样的支持网络尚未建立，限制了技术的普及和应用。

二、绿色低碳技术推广难的表现

（一）绿色低碳技术推广缓慢

尽管绿色低碳技术在环保领域的重要性日益显现，但其实际推广速度仍然缓慢，存在诸多障碍。首先，许多企业和家庭由于初始成本较高，难以负担相关设备和技术的购买和安装费用。例如，太阳能光伏系统和电动汽车等绿色技术的初始投资较大，而短期内的节约和效益难以显现，导致许多潜在用户望而却步。其次，适用性问题也限制了绿色低碳技术的推广。在某些地区，基础设施不完善，导致一些先进的绿色技术难以有效实施。例如，充电桩网络的建设滞后影响了电动汽车的普及。此外，推广渠道的不畅也使绿色低碳技术难以普及。一方面，相关政策和激励措施尚不完善，未能充分调动企业和公众的积极性；另一方面，缺乏系统性的推广和宣传，使公众对绿色低碳技术的认识和接受度不足。因此，这些因素共同导致了绿色低碳技术的推广和普及受到限制。

（二）环境保护效果有限

由于绿色低碳技术推广缓慢，环境保护的效果受到一定影响，未能充分发挥其应有的作用。例如，在一些地区，尽管政府和环保组织大力推动节能减排政策，制定了相关法规和标准，但由于绿色低碳技术的应用不足，环境污染和资源浪费问题仍然存在。具体而言，个别工业企业未能采用高效的节能减排设备，仍然依赖传统的高污染、高能耗生产方式，导致废气、废水和固体废物排放超标。同时，家庭和商业领域的节能措施也未能有效落实，例如，节能家电和建筑节能技术的普及率较低，能源消耗居高不下。此外，一些地区由于缺乏绿色低碳技术的支持，无法有效治理环境污染问题，导致水体、土壤和空气质量难以改善。因此，尽管环保政策和意识有所提高，但由于技术应用的滞后，环境保护的效果仍然有限，无法达到预期的目标。

（三）技术创新和应用脱节

许多绿色低碳技术在研发阶段取得了显著进展，但在实际应用中却面临诸多困难，导致技术创新和应用脱节，限制了技术的社会价值和经济效益。例如，一些先进的新能源技术，如风能、太阳能和氢能等，在实验室条件下表现出良好的性能和潜力，但在实际推广过程中却遇到了成本高、维护复杂、技术配套不完善等问题，难以大规模应用。同样，节能技术如高效能热泵、智能电网和节能建筑材料等，尽管在实验和试点项目中取得了成功，但由于市场接受度低、推广渠道不畅以及相关政策支持不足，未能大规模进入市场。此外，企业和研究机构之间的合作不足也是技术创新与应用脱节的重要原因之一。许多创新技术在研发阶段缺乏实际应用的反馈和调整，导致其商业化进程受阻。再者，知识产权保护和技术转让机制的不完善，使一些技术难以顺利转化为生产力。因此，尽管技术创新不断推进，但由于应用环节的瓶颈，许多绿色低碳技术难以发挥其应有的环境保护效果。

三、绿色低碳技术推广难的解决方案

（一）降低绿色低碳技术成本

为了推动绿色低碳技术的普及和应用，需要采取措施降低技术成本，减轻企业和公众的经济负担。

1. 政府补贴和税收优惠

为了降低绿色低碳技术的成本，政府可以采取多种财政措施。例如，提供直接的财政补贴，支持企业和家庭购买和安装新能源设备。具体来说，可以针对不同类型的绿色技术，例如太阳能光伏系统、风能设备、电动汽车、节能家电等，设立不同的补贴标准，减轻用户的初始资金压力。此外，政府还可以通过税收优惠政策，鼓励企业和家庭采用高效节能技术。具体措施包括降低或免除使用绿色低碳技术的企业所得税、增值税，以及对个人购置绿色低碳设备提供所得税抵扣等。这些政策不仅可以激励更多企业和家庭采用绿色技术，还能促进绿色产业的发展。

2. 促进技术研发和产业化

为了提高绿色低碳技术的竞争力和市场接受度，政府和科研机构需要加大对相关技术研发的投入。例如，可以设立专项科研基金，支持高校、科研院所和企业开展新能源技术、高效节能技术等领域的基础研究和应用研究。此外，政府还可以通过制定产业政策和提供财政支持，推动技术成果的转化和产业化。具体措施包括设立技术孵化器、科技园区，以及支持企业进行技术改造和设备升级，降低技术成本，提高市场竞争力。同时，通过加强产学研合作，促进技术的快速转化和应用，推动绿色低碳技术在实际生产生活中的广泛应用。

（二）提高技术适用性

为了提高绿色低碳技术的适用性，需要根据不同地区的环境条件和经济水平，进行技术的优化和改进。

1. 因地制宜推广技术

在推广绿色低碳技术时，政府和企业应充分考虑当地的自然资源条件和经济水平，选择最适合的技术。例如，在阳光充足的地区，可以重点推广太阳能光伏技术，建设太阳能发电站和分布式光伏系统；在风力资源丰富的地区，则可以大力发展风电项目，建设风力发电厂。此外，在推广过程中，还应根据当地的实际情况，对技术进行优化和改进。例如，在农村地区，可以推广适合农村环境的生物质能技术和小型风光互补系统；在城市地区，可以重点推广建筑节能技术和智能电网系统，提高能源利用效率。通过因地制宜地选择和推广技术，可以大大提高绿色低碳技术的适用性和效果。

2. 加强技术示范和推广

为了增强公众和企业对绿色低碳技术的信心，政府和企业可以通过设立技术示范项目，展示技术的实际应用效果。例如，可以在一些社区、工业园区和农业示范区，开展绿色低碳技术的示范和推广，展示太阳能、风能、地热能等技术的实际应用效果。此外，可以通过组织技术展览、开放技术示范基地等方式，吸引更多公众和企业参观学习，了解绿色低碳技术的优势和应用前景。同时，政府可以通过设立专项资金，支持企业和科研机构进行技术推广和市场开拓，促进绿色低碳技术的普及和应用。

案例：我国的光伏扶贫项目

我国在推动绿色低碳技术方面实施了一系列光伏扶贫项目，通过在贫困地区推广光伏发电技术，既解决了当地的能源问题，又增加了当地居民的收入。例如，在甘肃省的某些农村地区，政府通过安装光伏电站，利用当地丰富的太阳能资源，解决了农民的用电问题，提高了他们的生活质量。这种因地制宜的推广模式，不仅提高了光伏技术的适用性和效果，还推动了环境保护和经济发展。

（三）完善技术推广渠道

为了推动绿色低碳技术的普及和应用，需要建立完善的技术推广渠道，确保技术能够及时传递到广大用户手中。

1. 建立多元化的信息传播渠道

政府和企业可以通过建立多元化的信息传播渠道，提升公众和企业对绿色低碳技术的认识和了解。例如，可以通过电视、广播、报纸、杂志等传统媒体，以及互联网、社交媒体、移动应用等新兴媒体，广泛宣传绿色低碳技术的优势和应用效果。此外，可以通过开展技术讲座、技术培训、技术交流会等活动，增强公众和企业的技术认知和应用能力。例如，可以邀请专家学者、技术人员进行专题讲座，介绍绿色低碳技术的最新进展和应用案例，帮助公众和企业了解和掌握相关技术。

2. 加强技术服务支持

为了推动绿色低碳技术的普及和应用，需要建立完善的技术服务支持体系，为企业和公众提供专业的技术咨询和服务支持。例如，可以通过设立技术服务中心，提供技术咨询、技术培训和技术支持服务，帮助企业和公众解决技术应用中的问题。技术服务中心可以组织专家团队，为企业和家庭提供个性化的技术解决方案，解答技术难题，提供设备安装、调试和维护服务。此外，政府可以通过设立绿色技术推广办公室，协调各方资源，推动绿色低碳技术在各个领域的应用和普及。通过提供全面的技术服务支持，可以提高技术的推广效果，促进绿色低碳技术的广泛应用。

第四节 环保专业传播人才的缺失

在实现绿色低碳目标的过程中，专业的环保传播人才至关重要。然而，当前环保专业传播人才的缺失也是一大挑战。这一问题主要体现在环保人才培养不足、人才流失严重以及环保人才交流不足等方面。

一、环保人才培养不足

（一）高校和科研机构投入不足

在我国，高校和科研机构在环保传播人才的培养上投入不足，导致专业人才的缺乏。环保传播需要具备专业知识和传播技能的复合型人才，这不仅要求他们具备扎实的环境科学知识，还要掌握现代传播学的理论和技能。然而，当前教育体系中对这类人才的培养力度不够，难以满足实际需求。

例如，一些高校的环保传播相关专业课程设置不完善，课程内容单一，缺乏与实践相结合的教学模式。这导致学生在毕业后无法迅速适应实际工作需求，难以胜任环保传播工作。根据《中国教育统计年鉴》数据显示，国内仅有少数几所重点高校设有环保传播相关专业或课程。我国目前开设环保传播课程的高校有北京大学新闻与传播学院、清华大学公共管理学院、中国人民大学新闻学院、复旦大学新闻学院和浙江大学传媒与国际文化学院等。开设的课程包括《环境新闻》《绿色传播与可持续发展》《环境政策与传播》《环境政策与管理》《环境风险与应对》《生态文明与传播》等。这些课程内容涵盖环境新闻报道、环境传播策略、绿色传播实践、可持续发展政策与传播等领域。其课程设置注重理论与实践结合，学生可以参与到实际的环境传播项目中，获得实践经验和研究能力的提升。

而我国大多数高校在环保传播这一领域的教育资源投入远远不足，还未形成成熟完善的学科体系。未来，我们要加大高校和科研机构在环保传播人才的培养上投入，培养更多的环保传播专业人才。

（二）教育体系的结构性问题

环保传播作为一个跨学科领域，内容涵盖多个学科。然而，当前的教育体系往往存在学科壁垒，难以实现多学科交叉培养。这种情况下，学生只能在单一学科领域内进行学习，难以全面掌握环保传播所需的综合知识和技能。

例如，有的大学虽然设有环境科学专业和新闻传播专业，但两个专业之间的课程和科研项目缺乏有机联系，难以为学生提供跨学科的学习机会。学生只能在各自专业领域内学习，难以形成对环保传播的系统认识和全面理解。环境科学专业的学生主要学习环境科学、生态学、环境管理等方面的知识，而新闻传播专业的学生则侧重于新闻学、传播学、媒体研究等领域。由于缺乏课程和科研项目的跨学科整合，学生无法在学术和实践层面上将环境科学与传播学有机结合，从而形成对环保传播这一综合性学科的全面理解。

此外，跨学科课程设置的不足也影响了学生的综合素养提升。当前的课程设计更多地以单一学科为中心，缺乏多学科交叉的课程模块。例如，在环境科学课程中，缺乏传播学的基础理论和实践训练。而在新闻传播课程中，也缺乏对环境科学的系统介绍和深入分析。这种学科壁垒不仅限制了学生的知识结构，也影响了他们在实际工作中的综合应用能力。因此，打破学科壁垒，推动课程和科研项目的跨学科整合，是提高环保传播人才培养质量的关键。

（三）教师资源匮乏

由于环保传播是一个新兴学科，具备这一领域专业知识和教学能力的教师数量相对有限。这导致许多高校和科研机构在开设环保传播课程时，面临师资不足的困境。例如，某高校设立了环保传播课程，但由于缺乏具备专业背景的教师，只能由环境科学专业或新闻传播专业的教师兼任。这些教师虽然在各自领域内具有丰富的教学经验，但在环保传播领域的专业知识和实践经验有限，难以为学生提供高质量的教育和指导。

此外，教师的专业发展和培训机会也较少，进一步限制了教师资质的提升。由于环保传播领域的跨学科特点，教师需要不断更新自己的知识储备，掌握最新的研究成果和实践动态。然而，当前高校和科研机构在教师培训方面的投入有限，缺乏系统的培训计划和资源支持，导致教师在专业发展方面面临诸多困难。这种情况下，教师难以有效地将最新的学术研究和实践经验融入教学，学生也难以获得全面和前沿的知识。因此，增加对教师资源的投入，完善教师培训体系，是提升环保传播教育质量的必要举措。

为了有效应对这些问题，高校和科研机构需要在课程设置、科研项目和教师培训等方面进行系统性改革。一方面，推动多学科课程的有机整合，鼓励环境科学与传播学之间的交流与合作，培养学生的跨学科思维和综合应用能力。另一方面，加大对教师资源培养的投入，建立系统的培训体系，提升教师在环保传播领域的专业素养和教学能力。这些举措不仅有助于打破学科壁垒，提升教育质量，也为环保传播领域的人才培养提供了坚实的保障。

二、环保人才流失严重

（一）工作环境和待遇不佳

环保传播领域的工作环境和待遇相对来说较差，导致一些人才流失。一些具备专业技能的人才由于工作压力大、薪资待遇低等原因，选择离开环保传播领域，转向其他行业。国家统计局发布的 2023 年城镇单位就业人员年平均工资情况显示，"水利、环境和公共设施管理业"的收入和前一年差别不大，总结起来就是工资低于平均线，排名倒数。①

薪资待遇低是导致环保人才流失的重要因素。尽管环保传播工作对社会和环境具有重要意义，但其薪资水平却未能充分反映这一点。数据显示，环保传播领域的平均薪资水平低于许多其他行业，特别是在生活成本高昂的一线城市，这使从业者的经济压力更大。例如，在北京、上海等地，一位环保传播从业者的月薪可能仅为 8000 元至 1 万元，而同等学历和经验的从业者在金融或信息技术行业的月薪则可能在 1.5 万元以上。这种薪资差距使许多具有高素质的专业人才难以长期留在环保传播领域。

例如，一位在某环保公司工作的环保传播专家，因长期面临高强度的工作压力和低薪资待遇，最终选择离职，转而从事高薪且工作环境更好的企业

---

① http：//www.eco.gov.cn/news_ info/69995.html.

宣传工作。这种情况在环保传播领域并不罕见，许多专业人才因工作环境和待遇不佳而选择离开，导致人才流失严重。

除了平均工资水平低之外，环保行业的工作环境相对艰苦。许多环保传播从业者需要长时间在一线工作，面对复杂的环境问题和艰巨的工作任务，导致工作压力大，职业倦怠感强。工作环境的艰苦不仅体现在物质条件的欠缺，还包括心理上的压力和挑战。环保传播从业者经常需要在环境恶劣的地区进行实地考察和宣传活动，如偏远的农村地区、污染严重的工业区等。这些地区往往缺乏基本的生活设施和安全保障，使工作条件更加艰辛。此外，环保传播工作本身具有很大的不确定性和复杂性，需要面对各种突发事件和不可预测的环境变化，这无疑增加了工作的难度和压力。

（二）职业发展机会有限

由于这一领域的发展尚处于初期阶段，许多环保传播机构和企业的规模较小，缺乏完善的职业发展体系和晋升机制，难以为从业者提供良好的职业发展前景。例如，一位在环保传播公司工作的青年专业人才，因公司规模小、职位上升空间有限，最终选择跳槽到一家大型传媒机构，寻找更好的职业发展机会。这种情况下，环保传播领域难以吸引和留住高素质的专业人才。

职业发展机会的有限性主要体现在以下几个方面：

首先，环保传播领域的机构和企业规模普遍较小，层级结构简单，晋升空间有限。许多环保传播机构为非政府组织或小型企业，组织结构扁平，从业者很难通过内部晋升获得更高职位。这导致许多有能力和经验的专业人才在职业发展上遇到瓶颈，缺少进一步发展的机会和动力。

其次，环保传播领域的职业培训和继续教育机会较少。由于这一领域的特殊性，从业者需要不断更新自己的知识和技能，掌握最新的环保技术和传播方法。然而，许多环保传播机构由于资源有限，难以提供系统的职业培训和继续教育机会。这使得从业者难以在职业生涯中获得持续的发展和进步。

最后，环保传播领域的社会认同度和职业声望还不高。尽管环保传播对社会和环境保护具有重要意义，但在社会大众和职业市场中，其职业声望和认同度相对较低。这使许多从业者在职业成就感和自我价值认同方面面临挑战，影响了他们的职业选择和长期发展意愿。

综上所述，工作环境和待遇不佳以及职业发展机会有限，是导致环保传播领域人才流失的主要原因。要解决这一问题，需要从改善工作环境、提高薪资待遇、完善职业发展体系和提升社会认同度等方面入手，制定系统的政策和措施，吸引和留住高素质的专业人才，为环保传播领域的发展提供坚实的人才保障。

三、环保人才交流不足

（一）国内外交流平台有限

环保传播领域的国际和国内人才交流不足，显著影响了专业知识和技能的共享与提升。环保传播需要不断吸收和借鉴国内外的先进经验和技术，但当前人才交流的渠道和平台有限，影响了整体水平的提升。例如，尽管我国每年都会举办一些环保领域的国际会议和论坛，但专门针对环保传播的人才交流活动相对较少。许多环保传播从业者缺乏与国际同行交流和学习的机会，难以了解和掌握国际最新的环保传播理念和技术。这样的局限性不仅阻碍了知识和经验的流通，也限制了我国环保传播领域在国际舞台上的影响力和竞争力。

国际交流平台的缺乏还影响了我国环保传播领域的科研水平。许多国际前沿的研究成果和技术创新难以及时引入和应用到我国的环保传播实践中，从而影响了相关项目的效果和创新能力。此外，环保传播从业者的语言障碍和文化差异也是限制国际交流的重要因素。由于缺乏系统的语言培训和跨文化交流经验，许多从业者在国际交流中沟通困难，进一步限制了他们在国际舞台上的参与度和影响力。

（二）区域间交流不充分

我国幅员辽阔，不同地区的环境问题和经济发展水平存在较大差异，区域间环保传播人才交流不充分。发达地区的环保传播从业者往往具备较高的专业水平和丰富的实践经验，而欠发达地区的从业者则面临知识和技能不足的问题。由于缺乏有效的交流和合作机制，不同地区之间的环保传播人才难以实现知识和经验的共享，影响了整体水平的提升。例如，东部沿海地区的环保传播从业者在处理海洋污染和城市环境治理方面积累了丰富的经验，但中西部地区的环保传播从业者在面对农村环境治理和生态保护问题时，缺乏相应的知识和技能。由于缺乏区域间的交流和合作，这些经验和知识难以得到广泛传播和应用。

区域间交流不足还影响了环境治理的均衡发展。由于不同地区的环保传播能力存在较大差异，一些环境问题在欠发达地区得不到及时和有效的解决，导致环境治理效果不佳。例如，中西部地区的农村环境问题，如农业污染、垃圾处理等，往往由于缺乏专业的环保传播指导和支持而得不到有效治理。这不仅影响了当地的生态环境，也制约了全国环境保护目标的实现。因此，建立有效的区域间交流和合作机制，促进不同地区环保传播人才的互动和合作，是提升整体水平的重要途径。

（三）跨学科交流不足

环保传播是一个跨学科领域，涉及环境科学、传播学、社会学、经济学等多个学科。然而，当前环保传播人才在不同学科之间的交流和合作不足，难以形成综合性的解决方案和创新思路。例如，一些环保传播项目在设计和实施过程中，往往只注重传播效果，而忽视了科学数据和技术手段的应用。由于缺乏与环境科学和技术领域专家的合作，这些项目难以达到预期的效果。跨学科交流的不足限制了环保传播的创新和发展，影响了绿色低碳目标的实现。

跨学科交流不足还限制了环保传播领域的理论和实践创新。由于环保传播涉及多个学科领域，不同学科之间的知识和方法可以相互借鉴和融合，形成更加全面和有效的解决方案。然而，当前的环保传播实践中，不同学科的专家和从业者往往各自为战，缺乏系统的交流和合作机制。这导致许多项目在设计和实施过程中，无法充分利用各学科的优势，影响了项目的整体效果。例如，一些环保传播项目在推广过程中，缺乏环境科学的数据支持和技术指导，导致传播内容缺乏科学性和权威性，难以有效影响公众和决策者。

国内外交流平台有限、区域间交流不充分和跨学科交流不足，是导致环保传播领域人才流失和专业水平提升受限的主要原因。要解决这些问题，需要从改善交流平台、促进区域合作和加强跨学科互动等方面入手，制定系统的政策和措施，吸引和留住高素质的环保传播人才，为实现绿色低碳目标提供坚实的人才保障。通过加强国际和国内交流，促进区域间知识和经验的共享，提升跨学科合作水平，环保传播领域将能够更有效地应对环境挑战，实现可持续发展目标。

第五节　案例分析

为了更好地理解环保传播在实现绿色低碳目标中面临的挑战及解决方案，下面选取某市垃圾分类推广进行详细的案例分析。

作为我国的示范城市，该市在垃圾分类推广过程中，通过环保传播动员公众参与，取得了显著成效。然而，环保传播在这一过程中同样面临诸多挑战。以下是对这些挑战及其解决对策的详细分析。

一、信息传播的挑战

该市通过各种媒体渠道，广泛传播垃圾分类的知识和方法，提高公众的环保意识。然而，由于信息传播的不对称性，一些居民对垃圾分类的具体要求和操作方法仍然不清楚，影响了垃圾分类的效果。

（一）具体问题

1. 信息复杂性

垃圾分类知识涉及多种分类标准和操作方法，信息量大，内容复杂，普通公众难以全面掌握。例如，许多居民对于有害垃圾、可回收物、厨余垃圾和其他垃圾的具体分类标准和处理方法不甚了解。

2. 信息传播渠道不均衡

不同年龄层、教育背景的居民接收信息的方式不同，导致部分居民无法及时获取或理解垃圾分类信息。例如，老年居民习惯通过电视和广播获取信息，而年轻人更倾向于通过网络和社交媒体。

3. 信息不对称

在信息传播过程中，存在信息传递不完整或不准确的情况，导致居民对垃圾分类的具体要求和操作方法存在误解和困惑。例如，一些宣传资料只介绍了垃圾分类的基本知识，而未详细说明具体操作步骤和注意事项。

（二）解决对策

1. 简化信息表达

通过科普文章、图文并茂的宣传资料、视频等形式，将复杂的垃圾分类知识简化，便于公众理解。例如，制作简明扼要的垃圾分类手册，包含具体的分类标准和操作指南，并通过社区发放给居民。

2. 多渠道传播

利用电视、广播、网络、社交媒体等多种渠道进行信息传播，确保信息能够覆盖到各个年龄层次和教育背景的居民。例如，制作垃圾分类主题的电视节目和广播节目，同时在社交媒体平台上发布垃圾分类科普视频和图文资料。

3. 信息透明度

确保信息传播的透明度和准确性，及时更新和发布垃圾分类相关信息。例如，建立官方的垃圾分类信息平台，定期更新垃圾分类政策和操作指南，并提供在线咨询服务，解答居民疑问。

二、公众参与的挑战

尽管该市开展了多项环保活动，如垃圾分类宣传活动、社区讲座等，但在实际操作中，公众的参与度和积极性仍然不高。一些居民认为垃圾分类麻烦，缺乏参与垃圾分类的动力。

（一）具体问题

1. 参与意识不足

部分居民缺乏环保意识，认为垃圾分类与自身无关，或者认为垃圾分类会增加日常生活负担。

2. 参与渠道有限

一些公众参与活动形式单一，参与渠道不畅通，难以吸引更多居民参与。例如，社区讲座的参与人数有限，且多为固定居民，难以覆盖更多的社区成员。

3. 激励机制不足

现有的激励机制不足以调动公众的积极性，缺乏有效的经济或政策激励措施。例如，虽然有些社区开展了垃圾分类积分奖励制度，但奖励力度不大，难以吸引居民积极参与。

（二）解决对策

1. 推行激励机制

通过政策激励和经济补偿，鼓励公众积极参与垃圾分类行动。例如，实行垃圾分类积分奖励制度，根据居民的分类情况给予积分奖励，并提供购物券、生活用品等实物奖励，提升公众参与度和积极性。

2. 多样化参与渠道

丰富公众参与活动形式，提供更多参与渠道，如社区环保活动、环保知识竞赛、线上线下互动等，吸引更多居民参与。例如，组织社区垃圾分类比赛，通过竞赛形式提高居民的参与热情和分类水平。

3. 提高环保教育

加强环保教育，通过学校、社区等多种渠道进行环保宣传，提升公众的环保意识，使垃圾分类成为一种自觉行为。例如，在学校开展垃圾分类教育课程，让学生从小养成垃圾分类的习惯，并通过他们影响家庭和社区。

三、结论

该市在垃圾分类推广过程中，通过环保传播动员公众参与，取得了显著成效。然而，信息传播的复杂性和不对称性、公众参与度的不足依然是面临的主要问题。要有效应对这些挑战，需要简化信息表达，推行激励机制，加强政策执行力度，并加大财政支持和环保教育。通过这些措施，该市可以进一步提升垃圾分类的效果，为实现绿色低碳目标提供坚实保障。

参考文献

［1］贾广惠.中国环境保护传播研究［M］.上海：上海大学出版社，2015：4-6.

［2］王莉丽.绿媒体中国环保传播研究［M］.北京：清华大学出版社，2005：52.

［3］叶平.环境的哲学与伦理［M］.北京：中国社会科学出版社，2006：229-231.

［4］张丙霞.我国大众传媒在环保传播中的角色研究［D］.重庆市：西南政法大学，2009：6-9.

［5］张威.环境新闻学的发展及其概念初探［J］.新闻记者，2004（9）：18-21.

［6］张天培.我国生态文明制度体系不断完善［EB/OL］.（2023-08-17）.http：//politics.people.com.cn/n1/2023/0817/c1001-40058076.html.

［7］吴静怡.近40年来我国环保传播的研究谱系与学术展望［J］.南京林业大学学报（人文社会科学版），2019（5）：13-17.

［8］刘涛.环境传播的九大研究领域（1938—2007）：话语、权力与政治的解读视角［J］.新闻大学，2009（4）：97-104，82.

［9］李文竹，曹素贞.国际环境传播研究的特征与范式——基于EBSCO数据库的相关内容分析［J］.河北经贸大学学报（综合版），2017，17（2）：20-25.

［10］郭小平.环境传播：话语变迁、风险议题建构与路径选择［M］.武汉：华中科技大学出版社，2013：39-50.

［11］毛丽棋.从可持续发展战略看高校设立环境新闻学的必要性［J］.环

境，2006（S2）：197-198.

［12］杨斌成.广西北部湾经济区环境新闻报道人才培养分析［J］.钦州学院学报，2011，26（4）：5-8.

［13］王积龙.美国环境新闻教育的构建模式分析［J］.西南民族大学学报（人文社科版），2008（1）：219-223.

［14］杨伟.通过中西比较看中国环境新闻教育的缺失［J］.新闻传播，2014（2）：242.

［15］邓天白.培养中国环境传播人才的模式借鉴与探索——以美国哥伦比亚大学新闻学院为例［J］.环境教育，2018（5）：50-53.

［16］陈沐岸.论我国生态文明传播的问题及对策［C］//中国地理学会.山地环境与生态文明建设：中国地理学会2013年学术年会·西南片区会议论文集.中国地理学会，2013：7.

［17］陈相雨，陈曦，张沁沁.公地悲剧与基层治理进路：基于农村生活垃圾污染治理的个案研究［J］.阅江学刊，2017，9（2）：73-81，147.

［18］王莉丽.环保传播的新挑战、新路径［J］.中国记者，2012（1）：80-81.

［19］赵文艳.浅谈环境报道的新路径［J］.新闻传播，2011（8）：45，47.

［20］金石.论环境报道与生态文明建设［J］.新闻知识，2014（12）：107-109.

［21］史立英，马晶，曹洁，等.提升环保传播能力，促进低碳经济建设［J］.新闻爱好者，2010（16）：42-43.

［22］易前良，林雯.转型时期的大众媒体与环保传播：以《南方周末》为例［C］//复旦大学信息与传播研究中心，复旦大学新闻学院"·传播与中国·复旦论坛"（2010）：信息全球化时代的新闻报道：中国媒体的理念、制度与技术论文集.复旦大学信息与传播研究中心，复旦大学新闻学院，2010：13.

［23］贾广惠.环保传播框架："冲突"新闻价值观中的缺失：基于"化害为利、变废为宝"的传播视角［J］.河北师范大学学报（哲学社会科学版），2013，36（1）：127-131.

［24］陈亮.环境报道的人性化视角［J］.中国记者，2004（12）：51-52.

［25］梁雅丽，邓苏勇.环境报道中的可持续发展视角［J］.中国记者，2006（4）：72-73.

［26］周晓旸.我国西部环保 NGO 及其传播现状分析［D］.兰州：兰州大学，2011：3-4，41-49.

［27］漆亚林，谯金苗.环保电影的生态意象研究［J］.中国青年社会科学，2017，36（3）：128-134.

［28］曹雪真.论绿色理念在我国环境报道中的纵深发展［J］.今传媒，2014，22（8）：54-55.

［29］张威.绿色新闻与中国环境记者群之崛起［J］.新闻记者，2007（5）：13-17.

［30］贾广惠.中国环境新闻传播 30 年：回顾与展望［J］.中州学刊，2014（6）：168-172.

［31］李玉文，徐萌，王建明.中国环保传播的内在机理及绩效评估体系研究［J］.生态经济，2011（8）：176-180.

［32］杨志开.中国水污染背景下的微博环保传播研究［J］.情报杂志，2015，34（3）：144-149.

［33］李洁.大众传媒在环境保护中的角色分析［J］.新闻知识，2012（10）：54-55.

［34］陈远书.环保 NGO 在我国的环保传播行为及效果研究［D］.北京：北京林业大学，2010：7-9.

［35］连水兴.作为"新社会行动"的环保传播及其意义：一种公民社会的理论视角［J］.中国地质大学学报（社会科学版），2011，11（1）：82-87.

［36］贾广惠.论环保传播对公民社会的初步建构［J］.现代传播（中国传媒大学学报），2009（6）：28-30，36.

［37］陆红坚.环保传播的发展与展望［J］.中国广播电视学刊，2001（10）：4-6.

［38］绿水青山就是金山银山［EB/OL］.http：//www.xinhuanet.com/politics/szzsyzt/lsqs2017/index.htm.

［39］新华社.习近平：高举中国特色社会主义伟大旗帜　为全面建设社会主义现代化国家而团结奋斗——在中国共产党第二十次全国代表大会上的报告［EB/OL］.（2022-10-25）. https：//www. gov. cn/xinwen/2022-10/25/content_ 5721685. htm.

［40］陈相雨，丁柏铨.自媒体时代网民诉求方式新变化研究［J］.传媒观察，2018（9）：5-12，2.

［41］陈相雨.新时代我国广电体制变革的现实动因和框架要求［J］.今传媒，2018，26（3）：12-14.

［42］程曼丽.“新时代”下中国新闻舆论工作者的新任务——读《习近平新闻舆论思想要论》有感［J］.中国记者，2018（2）：43-44.

［43］陈相雨，丁柏铨.抗争性网络集群行为的情感逻辑及其治理［J］.中州学刊，2018（2）：166-172.

［44］双鸭山中院.“八五”普法·全国生态日｜《中华人民共和国环境保护法》［EB/OL］.（2023-08-15）. https：//m. thepaper. cn/baijiahao_ 24240593.

［45］澎湃新闻.1972：回溯新中国环境保护旅程的起点［EB/OL］.（2021-09-24）. https：//www. thepaper. cn/newsDetail_ forward_ 14625595.

［46］中华人民共和国生态环境部.第一次全国环境保护会议［EB/OL］.（2018-07-13）. https：//www. mee. gov. cn/zjhb/lsj/lsj_ zyhy/201807/t20180713_ 446637. shtml.

［47］中华人民共和国中央人民政府.中华人民共和国水污染防治法［EB/OL］.（2005-08-05）. https：//www. gov. cn/yjgl/2005-08/05/content_ 20885. htm.

［48］受权发布：中华人民共和国大气污染防治法［EB/OL］.（2015-08-30）. http：//www. xinhuanet. com//politics/2015-08/30/c_ 128180129. htm.

［49］http：//www. cenews. com. cn/index. html.

［50］https：//baike. baidu. com/item/%E4%B8%AD%E5%9B%BD%E7%BB%BF%E8%89%B2%E6%97%B6%E6%8A%A5/11000438？ fr＝aladdin.

［51］中国绿色时报［EB/OL］.［2024-07-23］.（https：//baike. baidu. com/item/%E4%B8%AD%E5%9B%BD%E7%BB%BF%E8%89%B2%E6%97%

B6%E6%8A%A5/11000438？fr＝aladdin）.

［52］环境保护杂志社［EB/OL］.［2024-07-23］.（https：//www. hjb-hzz. com/）.

［53］中国环境报［EB/OL］.［2024-07-23］.（http：//www. wis-domtreeqk. com/QK/？QKID＝665）.

［54］中国绿色画报［EB/OL］.［2024-07-23］.（https：//www. kuaiqi-kan. com/zhong-guo-lv-se-hua-bao/）.

［55］高原湖泊研究［EB/OL］.［2024-07-23］.（https：//sns. wanfang-data. com. cn/perio/ynhjkx/？tabId＝column&ztext＝%E9%AB%98%E5%8E%9F%E6%B9%96%E6%B3%8A%E7%A0%94%E7%A9%B6）.

［56］环境化学［EB/OL］.［2024-07-23］.（http：//hjhx. rcees. ac. cn/hjhx/news/solo-detail/benkanjieshou）.

［57］环境科学学报［EB/OL］.［2024-07-23］.（https：//www. jeesci. com/CN/column/column3. shtml）.

［58］水土保持学报［EB/OL］.［2024-07-23］.（https：//www. actasc. cn/homeNav？lang＝zh）.

［59］中国环境管理［EB/OL］.［2024-07-23］.（http：//zghjgl. ijour-nals. cn/ch/index. aspx）.

［60］绿媒体［EB/OL］.［2024-07-23］.（https：//baike. baidu. com/i-tem/%E7%BB%BF%E5%AA%92%E4%BD%93/12295815？fr＝aladdin）.

［61］环境传播［EB/OL］.［2024-07-23］.（https：//baike. baidu. com/i-tem/%E7%8E%AF%E5%A2%83%E4%BC%A0%E6%92%AD/357068？fr＝ge_ala）.

［62］中国环境保护传播研究［EB/OL］.［2024-07-23］.（https：//baike. baidu. com/item/%E4%B8%AD%E5%9B%BD%E7%8E%AF%E5%A2%83%E4%BF%9D%E6%8A%A4%E4%BC%A0%E6%92%AD%E7%A0%94%E7%A9%B6/50930771？fr＝ge_ala）.

［63］尘埃落定［EB/OL］.［2024-07-23］.（https：//baike. baidu. com/item/%E5%B0%98%E5%9F%83%E8%90%BD%E5%AE%9A/910149？fr＝ge_ ala）.

［64］中央人民广播电台［EB/OL］.［2024－07－23］.（http：//www.cnr. cn/）.

［65］上海教育.青少年环保类广播节目《青未来FM》［EB/OL］.（2018-03-04）. https：//www. sohu. com/a/224823909_ 391459.

［66］绿色媒体发展研究［EB/OL］.［2024－07－23］. https：//upimg. baike. so. com/doc/8880128-9205700. html.

［67］环保传播与社会责任［EB/OL］.［2024－07－23］. https：//baike. so. com/doc/6107525-6320638. html.

［68］环境教育研究［EB/OL］.［2024－07－23］. https：//baike. so. com/doc/5410664-5648759. html.

［69］自然传奇［EB/OL］.［2024－07－23］. https：//tv. cctv. com/lm/zrcq/.

［70］CCTV-9纪录频道［EB/OL］.［2024－07－23］. https：//tv. cctv. com/cctv9/.

［71］中国中央电视台［EB/OL］.［2024－07－23］. https：//www. cctv. com/？spm＝C28340. PKpSO2EXsfPO. E2XVQsMhlk44. 1.

［72］央视环保传播频道［EB/OL］.［2024－07－23］. http：//www. cctv. com/homepage/profile/10/index. shtml.

［73］央视网.央视网生态环境频道简介［EB/OL］.（2022－05－13）. ht-tp：//tv. cctv. com/lm/tsfx/.

［74］中国互联网络信息中心.互联网发展状况统计报告［EB/OL］. ht-tps：//www. cnnic. net. cn/n4/2023/0302/c199-10755. html.

［75］数字电视中文网. http：//www. dvbcn. com/p/145049. html.

［76］网易.当年最烧钱的6部华语电影，最后一部血本无归［EB/OL］.（2024-01-20）. https：//www. 163. com/dy/article/IOO3GARE0529QV3F. html.

［77］光明网. https：//m. gmw. cn/baijia/2019-11/02/33287698. html.

［78］朱哲萱.环保议题的媒介建构：以人民网、新浪网、环保NGO官网对低碳生活议题的报道为例［D］.武汉：华中科技大学，2015：44-49.

［79］中国互联网络信息中心.互联网发展状况统计报告［EB/OL］. ht-tps：//www. cnnic. net. cn/n4/2023/0302/c199-10755. html.

［80］数字电视中文网. http：//www. dvbcn. com/p/145049. html.

［81］网易.当年最烧钱的 6 部华语电影，最后一部血本无归［EB/OL］.（2024-01-20）. https：//www. 163. com/dy/article/IOO3GARE0529QV3F. html.

［82］光明网. https：//m. gmw. cn/baijia/2019-11/02/33287698. html.

［83］张紫星.以传播学视角分析环保公益广告的有效性［D］.武汉：中南民族大学，2012：13.

［84］中共中央 国务院印发《生态文明体制改革总体方案》［EB/OL］.（2015-09-21）. http：//www. xinhuanet. com/politics/2015-09/21/c_1116632159_2. htm.

［85］知知贵阳.新中国第一个电视公益广告，贵阳台当年如何制作的？［EB/OL］.（2023-04-13）. https：//mp. weixin. qq. com/s? _biz=MjM5NzE3Njc5Mw==&mid=2654979692&idx=1&sn=a1e33adf72d70061f3f87f9a01921c53&chksm=bd1692da8a611bcc4b75b41397e82e6bb8570de672f225d7078e2d90fd9385009f94e870874d&scene=27.

［86］中华人民共和国生态环境部. https：//www. mee. gov. cn/zjhb.

［87］中华人民共和国自然资源部. https：//baike. baidu. com/item/%E4%B8%AD%E5%9B%BD%E4%BA%BA%E6%B0%91%E5%85%B1%E5%92%8C%E5%9B%BD%E8%87%AA%E7%84%B6%E8%B5%84%E6%BA%90E9%83%A8/22428849? fr=ge_ala.

［88］国家林业和草原局. https：//baike. baidu. com/item/%E5%9B%BD%E5%AE%B6%E6%9E%97%E4%B8%9A%E5%92%8C%E8%8D%89%E5%8E%9F%E5%B1%80/22428896? fr=ge_ala.

［89］中国环境保护基金会. http：//www. cepf. org. cn/gywm/jjhjs/.

［90］自然之友. https：//baike. baidu. com/item/%E8%87%A7%E7%84%B6%E4%B9%8B%E5%8F%8B/1674275? fr=ge_ala.

［91］中国环境科学研究院. https：//www. craes. cn/.

［92］清华大学环境学院. https：//www. env. tsinghua. edu. cn/xygk/xyjj. htm.

［93］北京大学环境科学与工程学院. http：//cese. pku. edu. cn/xygk/xyjj/index. htm.

［94］世界自然基金会. https：//baike. baidu. com/item/%E4%B8%96%E7%95%8C%E8%87%AA%E7%84%B6%E5%9F%BA%E9%87%91%E4%BC%9A/5315793？fr=ge_ ala.

［95］国际绿色和平组织（中国）. https：//baike. baidu. com/item/%E5%9B%BD%E9%99%85%E7%BB%BF%E8%89%B2%E5%92%8C%E5%B9%B3E7%BB%84%E7%BB%87%EF%BC%88%E4%B8%AD%E5%9B%BD%EF%BC%89/3858915？fr=aladdin.

［96］自然资源保护协会. http：//www. nrdc. cn/.

［97］新华网. http：//www. xinhuanet. com/2023-11/02/c_ 1129953540. htm.

［98］中国国际贸易. http：//tradeinservices. mofcom. gov. cn/article/wenhua/rediangz/202405/163670. html.

［99］中央电视台. http：//sannong. cntv. cn/program/lssk/lssk/index. shtml.

［100］自然资源保护协会. http：//www. nrdc. cn/.

［101］新华网. http：//www. xinhuanet. com/2023-11/02/c_ 1129953540. htm.

［102］中央电视台. http：//sannong. cntv. cn/program/lssk/lssk/index. shtml.

［103］腾讯. 腾讯公布 2023 年 Q2 财报微信及 WeChat 月活跃账户超 13 亿［EB/OL］.（2023-08-16）. https：//www. dsb. cn/news-flash/122503. html.

［104］搜狗百科. https：//baike. so. com/doc/1987677-2103559. html.

［105］新浪. 阿里巴巴集团发布 2023 财年年报，中国消费者业务突破 10 亿人次［EB/OL］.（2023-07-21）. https：//finance. sina. com. cn/tech/roll/2023-07-21/doc-imzcninm7152641. shtml.

［106］华为. https：//www. huawei. com/cn/giv/green-development-2030.

［107］星火信息网. 农业信息化基础设施建设缓慢，投入需加强，存在地区发展不平衡问题［EB/OL］.（2023-05-16）. https：//www. xing528. com/lilun/1018213. html.

［108］百度百家号. 微博 2023 年营收 17. 6 亿美元同比下降 4%，月活用

户 5.98 亿［EB/OL］.（2024-03-14）. https：//baijiahao. baidu. com/s？id＝1793492700655938176&wfr＝spider&for＝pc.

［109］搜狗百科. https：//baike. so. com/doc/6291540-6505045. html.

［110］中国环境. 环保行业工资又倒数了，谁的年薪不足 4 万元？［EB/OL］.（2024-05-23）. http：//www. eco. gov. cn/news_ info/69995. html.